二年生黄金梨树的修剪状

四年生黄金梨树的修剪状

五年生黄金梨树的修剪状

黄金梨树枝条的变向处理

黄金梨花芽分化质量高
的果台副梢

涂膨大剂后的黄金梨果台副梢

下强上弱的黄金梨树

6

黄金梨疏花序后状态

4年生黄金梨幼树
疏花序后开花状

黄金梨树开花状

1

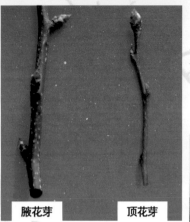

黄金梨的腋花芽与顶花芽

腋花芽　　　　顶花芽

人工授粉所坐果（右）与
自然授粉所坐果的对比

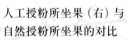

涂膨大剂10天后的黄金梨
幼果（左）与对照的比较

用竹竿支撑的结果
黄金梨幼树

2

黄金梨幼树与桃苗间作状

贴芽接削砧木

贴芽接削接穗

单芽切腹接削接穗

3

单芽切腹接插接穗

切腹接砧穗愈合状

用单芽切腹接法改接
黄金梨当年生长状

4

定干过高（左）与正常定干（右）的黄金梨树

梨锈病叶片正面状

梨锈病叶片背面状

7

患梨轮纹病的果实

患梨轮纹病的树干

梨黑星病危害幼嫩梢叶状

梨二叉蚜危害叶片状

8

黄金梨栽培技术问答

于新刚 编著

金盾出版社

内 容 提 要

本书由山东省莱西市职业中等专业学校高级教师于新刚编著。全书以问答形式,对黄金梨栽培的关键技术及相关内容,共 180 个问题,作了精当的介绍。内容包括:黄金梨的优良经济性状、适栽地区及发展前景,黄金梨的生物学特性,黄金梨的苗木繁育、选址建园、土肥水管理、花果管理、整形修剪、病虫害防治和采收贮藏,以及黄金梨的网架栽培、无病毒栽培、矮化密植栽培、有机栽培与促进早熟栽培等实用先进新技术。全书贯彻理论联系实际和为生产服务的原则,内容翔实系统,语言通俗易懂,技术先进实用,可读性与可操作性均强,对于黄金梨的高效栽培及其产业经营,具有非常有益的指导作用。

图书在版编目(CIP)数据

黄金梨栽培技术问答/于新刚编著. —北京:金盾出版社,2007.6

ISBN 978-7-5082-4539-3

Ⅰ.黄… Ⅱ.于… Ⅲ.梨-果树园艺-问答 Ⅳ.S661.2-44

中国版本图书馆 CIP 数据核字(2007)第 042950 号

金盾出版社出版、总发行

北京太平路 5 号(地铁万寿路站往南)

邮政编码:100036 电话:68214039 83219215

传真:68276683 网址:www.jdcbs.cn

彩色印刷:北京 2207 工厂

黑白印刷:京南印刷厂

装订:桃园装订厂

各地新华书店经销

开本:787×1092 1/32 印张:6.875 彩页:8 字数:145 千字

2010 年 2 月第 1 版第 4 次印刷

印数:41001—51000 册 定价:12.00 元

前　言

黄金梨原产于韩国,属砂梨系统品种。由韩国园艺试验场罗州支场金正浩博士,于 1967 年用新高×廿世纪杂交育成。1997 年引入我国山东省的胶东地区后,在山东、河北、安徽和江苏等地,进行大面积栽培。据不完全统计,截至 2004 年下半年,我国黄金梨的栽培面积已达到 3 万余公顷。

目前,黄金梨已成为我国中熟梨品种中的佼佼者。由于它品质优良,因而出口量大幅攀升。本世纪初,胶东地区生产的黄金梨,已销售到我国香港和澳门地区,并出口到新加坡、马来西亚和泰国等东南亚国家。2005 年,开始进入澳大利亚等发达国家的市场。另据资料显示,韩国生产的黄金梨,在加拿大极受欢迎。但是,在 20 世纪 90 年代,韩国的梨生产量只能满足其出口需要量的 6%~12%。日本栽培的黄金梨面积很少,不足以参与国际市场竞争。所以,综观目前整个国际梨果品市场,我国发展并出口黄金梨的前景极为广阔。

黄金梨果实大,果形圆而整齐,果色淡黄,肉质细嫩,入口清香,品质极上。其外观品质和内在品质均属于梨中精品,目前还没有一个中熟梨品种,能在综合性状上超过它。

黄金梨生长旺盛,树姿开张,形成腋花芽及短果枝容易,坐果率极高。定植后第二年就开始结果,早实性、丰产性均高,而且品质优良。黄金梨不仅早实丰产,而且抗病力强,对梨黑星病、黑斑病等病害,具有较高的抗性。

黄金梨以其诸多优点得到了我国种植者和经营者的认可,但由于引种时间短,多数种植者对黄金梨的生物学习性不够了解，加之各地生产技术水平不一致，因此，在黄金梨生产中出现了一些问题，如果个偏小、果锈重、提早落叶及果实贮藏期短等问题。为了回答果农在黄金梨栽培中出现的问题，笔者编著了《黄金梨栽培技术问答》一书。

本书总结了笔者近10年来从事黄金梨引种、繁育、栽培与技术开发等工作的经验及科研成果，参阅了大量的科技文献及国外资料，从分析和解决我国黄金梨栽培实践中存在的问题入手，将黄金梨的品种特点、苗木繁育、建园、土肥水管理、花果管理、整形修剪、采收与贮藏、实用栽培新技术和病虫害防治等方面的关键技术问题，以问答的形式介绍给读者。特别是对目前黄金梨生产中的重点技术问题，如选择适宜的砧木、配方施肥的种类和数量、合理疏除花序、确定适宜的留果量、科学的整形修剪方法和主要病虫害的防治等方面的问题，提出了较为科学的解决方法。同时，对黄金梨的网架栽培、无病毒栽培、矮化密植栽培、有机栽培、花芽高接和促进早熟栽培等先进实用栽培技术，作了一定的介绍。希望本书的问世，能对读者在黄金梨的栽培和科研方面有所裨益。

在本书的编写过程中，作者所在单位山东省莱西市职业中等专业学校和《中国果菜》杂志社等单位，给予了大力的支持和精心指导，在此表示衷心的感谢！

由于笔者的理论水平和实践经验不足，加之编写时间较为仓促，因此，书中难免存在诸多疏漏与错误。恳请广大读者对书中存在的问题惠予指正。

编 著 者

2007 年 1 月

目 录

一、概　　述

1. 黄金梨的来源在哪里？
它有什么主要植物学特征？

(1)来　源　黄金梨属砂梨,系韩国园艺试验场罗州支场金正浩博士,用新高×廿世纪杂交育成。在韩国本土,于1967年进行杂交,1981年进行选拔,1984年命名。1997年引入我国山东省的胶东地区,2000年在山东的胶东地区开始大规模育苗繁殖。2001年在山东、河北、安徽和江苏等省进行大面积种植,后推广至河南、四川、重庆、北京、陕西、云南、贵州和新疆等地,系目前我国栽培面积最大的韩国中熟砂梨品种。据不完全统计,截至2004年,我国黄金梨的栽培面积已达到3万余公顷。

(2)主要植物学特征　黄金梨树冠小,树姿半开张。幼树生长旺盛,结果后长势易衰弱。一年生枝粗长,黄褐色。皮孔大而密,浅褐色,凸起,呈椭圆形或长梭形,甚至长线形,枝条顶端为长线形,皮孔较多。枝条封顶后,顶芽芽基呈球形膨大。新梢顶端幼叶呈淡黄绿色,是该品种主要的植物学特征之一。

黄金梨叶片大,长椭圆形。幼叶淡黄色,成叶深绿色,叶尖长。叶缘锯齿特大,多为复锯齿,且有长针芒。这是该品种的又一显著特征。

黄金梨为圆形或长圆形,套袋果为淡黄色,无袋果为黄绿色。平均单果重400克,大小较为均匀一致。梗洼深而陡,呈漏斗状,幼树结果有时有 4 条不太明显的棱沟。果梗粗长,上端粗大。萼片小,多脱落,间或宿存,多直立。果核极小,果实可食率极高,达 95％以上。果皮薄,果点大且稀小,圆形,淡黄褐色。果肉白色,石细胞极少。果肉肉质细嫩,果汁丰厚,口味甜且有香气,可溶性固形物含量为 14％～15％,品质极上。

在山东省的胶东地区,黄金梨的花芽一般在 3 月中下旬开始萌动,4 月中旬初花,4 月中下旬盛花,花期 10 天左右。果实于 9 月中旬成熟,总的果实发育期为 145 天。树体于 11 月上旬开始落叶,11 月底至 12 月初,树体完全进入休眠状态。

2. 黄金梨有何优缺点?

(1)黄金梨的优点

①具有实现早实、丰产栽培目的的基础 黄金梨的幼树特别容易形成腋花芽,而且坐果率较高。一般情况下,定植后第二年开始结果,第四至第五年每 667 平方米(1 亩,下同)的产量可以达到 2 000～3 000 千克,第六年每 667 平方米的产量可以达到 3 500 千克以上,属于早实、高产砂梨新品种。

②果实个大质优 自 1998 年开始,经在山东胶东地区连续多年观察发现,黄金梨平均单果重 400 克,最大的单果重可以达到 800 克。果形整齐,果皮乳黄色,表面光洁,果肉有半透明感。含糖量较高,口感甜,略有香气,品质极佳。

③树体紧凑,成花容易,适宜密植栽培 由于黄金梨树体较小且紧凑,适宜密植栽培。株行距为 0.5～1 米×4 米,每667 平方米可以定植 166～332 株,为早期丰产奠定了基础。

④果实成熟期恰逢我国中秋、国庆佳节 在山东省的胶

东地区,一般年份黄金梨在 9 月 10～15 日采收,恰逢我国传统节日中秋节,市场需求量大,销售价格高。

⑤**树体抗逆性、适应性较强**　据在山东胶东、河北辛集等地观察,黄金梨在河滩、平地和丘陵地,只要有水浇条件且土层较厚的地块,均可获得高产。

⑥**抗病力强**　黄金梨尤其对梨黑星病、黑斑病等叶片病害,具有较强的抗性。在正常管理的条件下,叶片及果实全年一般不发病。

(2)黄金梨的缺点

①黄金梨的枝条柔软,加之叶片较大,在生长发育过程中,枝条易变向。结果后,枝条更易下垂,幼树期及初果期均需用竹竿或木棍支撑。

②黄金梨果实的耐贮存性稍差。黄金梨在常温条件下,可以贮存 15～20 天;在冷藏(非气调)条件下,可以贮存 2 个月。其耐贮藏性与丰水梨和圆黄梨差不多,但较水晶、新高、秋黄、南水和华山等其他砂梨品种差距较大。

③黄金梨对肥水需求量,比白梨系统品种大,尤其对有机质需求量较大。在土壤瘠薄或平地,且肥水供给不足的地块栽培黄金梨,容易引起树体衰弱,果实个头小,品质差。在同样的管理条件下,其抗逆性不如白梨系统品种表现好。

④黄金梨大量结果后,结果枝组易早衰。进入盛果期后,黄金梨的结果枝组易早衰,需及时更新复壮,用新枝组替代原来的结果枝组,并及时回缩冗长、衰弱的结果枝组。

⑤黄金梨的花粉极少,不可以作授粉树。栽培时,需配置 2 个以上的授粉品种。

⑥黄金梨叶片对梨锈病抗性稍弱,较易感染。在实际生产中,应注意对梨锈病的防治。

3. 黄金梨适宜哪些地区栽培？
有何发展前景？

(1) 适宜种植地区 黄金梨属于砂梨系统。而砂梨[*P. pyrifolia*（*Burm. f.*）*NaKai.*]自野生砂梨改良而来,原产于我国的长江流域、云贵高原、华南以及秦岭与淮河以南地区。其分布范围南至我国的广西、广东一带,北至华北地区,东北地区也有少量栽培。从理论上讲,黄金梨适宜于我国的大部分梨产区。而近几年的栽培实践也证明,黄金梨在南至我国云南的昆明、曲靖一带,北至辽宁南部的大连、河北的秦皇岛地区,西至新疆的南部,东至中国的最东端山东荣成等地的区域内栽培,其生长、结果良好。

(2) 发展前景 黄金梨自 1997 年从韩国引入我国栽培以来,经过各地栽培观察发现,目前还没有哪一个中熟砂梨品种可以在早实丰产、内在品质以及外观品质等方面超过黄金梨。

近几年来,在山东的胶东地区,黄金梨栽培者通过采取增施有机肥、严格疏花疏果、科学套袋和合理整形修剪等技术措施,生产出的黄金梨个大,形正,色淡,味甜。果实横径 90 毫米以上的果,供不应求,并打入新加坡、马来西亚、泰国等国的超市。果实横径 90 毫米以上、套双层大袋的黄金梨,近几年来在产地胶东地区,收购价始终维持在 2.5～3.0 元/千克,种植者每 667 平方米可以获得纯利润 4 000～6 000 元。

就目前情况来看,在新的绿皮砂梨品种(品质可以超越黄金梨的)诞生前,黄金梨称雄中熟砂梨品种市场的局面,一时还不会改变。

目前,在河北的辛集等地,由于黄金梨耐瘠薄性能不如白梨系统新品种,如绿宝石、黄冠等,出现了鸭梨改接黄金梨后,发现其果个偏小(重 200～250 克),而再改回白梨品种的现象。在河南正阳等地,出现了黄金梨 4～5 年生的产量不超过 1 000 千克/667 平方米的现象。这是由于对黄金梨的生长发育习性不了解、施用有机肥过少、偏施化学肥料、土壤氮磷钾比例不合理、留果过多(或位置不合理)和修剪过轻(疏枝、回缩过轻)而造成的。只要采用合理配方施肥,加大有机肥的施用量,科学整形修剪,合理负载等技术措施,就一定会达到个大、质优、高产、高效与低耗的生产目的。

4. 黄金梨栽培应抓好哪些关键问题?

针对黄金梨的生物学特性,种植者在栽培中主要应抓好以下几个方面的问题:

(1)选用适宜的砧木 砧木对于黄金梨的栽培非常关键,甚至关系到种植的成败。因此,种植黄金梨必须选择适宜当地生态条件的砧木。如在山东的胶东地区、北京、河北、陕西、山西和新疆等产区,可以选用杜梨或山梨等作砧木;而在安徽、江苏等南方地区,山梨则不适宜当地温暖、潮湿的环境,而应选用豆梨、野生砂梨或杜梨作砧木;在辽宁南部,宜采用抗寒力较强的山梨为砧木;四川、贵州和云南等地区,则宜采用野生砂梨或川梨为砧木。最近几年来,由于社会对黄金梨苗木的大量需求,出现了个别单位用栽培品种梨(如香水、长把梨等)种子实生苗作砧木的现象。这样繁殖出的黄金梨苗,经济结果年限短,后期产量不稳定,果农在购买黄金梨苗时,需要特别注意(详见第 46 题)。

(2)加大肥水施灌量 黄金梨属于砂梨系统,对肥水需求量较大,尤其对有机质含量要求较高。当土壤有机质含量达到 1.2%～2.0%时,方可生长结果良好,实现高产、稳产。因此,在黄金梨的栽培管理中,一定要增加有机肥的施用量。黄金梨的需水量比白梨品种也大。比如,在山东胶东地区,几乎所有的黄金梨丰产园,正常年份的年灌水次数基本上都在8次左右。

(3)预防春季晚霜 据在山东胶东地区调查,约有50%的年份发生晚霜危害,自2001年开始,更是年年或轻或重地发生。黄金梨花朵受害后,柱头失去接受花粉的能力;幼果受害后,在果萼处产生小的裂纹,成熟后果实失去商品价值。在黄金梨生产中,应加强对春季晚霜的预防。

(4)合理控制负载 黄金梨属于大型果,其要求的叶果比为(35～40):1。若留果过多,叶果比达不到要求,则果个小,品质差。在一般情况下,5～6年生的黄金梨,每667平方米的产量控制在3 000～3 500千克比较适宜。也就是说,每667平方米的留果量,应控制在10 000～12 000个较为适宜。

(5)适时科学套袋 黄金梨属于日韩砂梨中的绿皮梨,为避免水锈、药锈严重,需要套两次袋。第一次套小蜡袋,第二次套双层大袋。套袋要掌握好时间,第一次在谢花后10天进行,第二次在谢花后45天进行。套小袋过早,后期康氏粉蚧危害严重;套小袋过晚,虽然果个增大快,但果点大,易生锈斑,而且黑斑病和卷叶蛾危害严重。

(6)科学整形修剪 黄金梨的整形修剪要"前轻后重"。前期为了增加枝叶量,扩展树冠,早期结果,要行轻剪;后期树势衰弱,应及时更新复壮,需要重剪。修剪过轻,会出现营养生长与生殖生长不协调,而导致结果过多,果个小,品质差。进入盛果期的黄金梨大树,要及时选留合适部位的预备枝(1～2年生枝),用于更新复壮。否则,由于其中短枝转化能力差,造成果台枝连续结果,不仅产量较低,而且质量也严重下降。

(7)重视病虫害防治　由于黄金梨栽培采取全套袋,与传统的梨树栽培发生的病虫害不同,应特别注重对"三虫三病"的控制。"三虫",指的是梨木虱、黄粉虫和康氏粉蚧;"三病",指的是梨黑星、黑斑病和梨锈病。在生产中应注意适时喷药防治。

5. 当前黄金梨生产存在哪些问题?

通过调查发现,目前在黄金梨栽培区普遍存在以下几个方面的问题:

(1)对发展黄金梨认识不足　大多数栽培者对黄金梨的生物学习性不够了解,认识不足,以至于造成管理上不科学或力度不够。这就需要加强对黄金梨生物学习性的学习,有的放矢地管理好黄金梨,创造出较高的生产效益。

(2)有机肥料投入不足　目前,在我国很多地方的大多数黄金梨园,只重视化学肥料的施用,忽视有机肥料的施用或施用量不足。正确的有机肥施肥量为:盛果期大树,每 667 平方米施 3 000～4 000 千克发酵鸡粪,或 150～200 千克商品颗粒有机肥(有机质含量为 50％左右),或 4 000～5 000 千克优质圈肥。

(3)氮磷钾比例不合理　大多数黄金梨园施用的氮磷钾三元复合肥为三个 15％含量的,其氮、磷、钾的比例为 1:1:1,这是极不科学的,与梨树对氮、磷、钾需求比例不相符。因为,梨树对氮、磷、钾的需求量,在多数情况下是氮与钾的比例相似,而磷只是氮的 1/3～1/2。磷过多,虽然单果重略有增加,但会导致总产量下降 13.3％。

(4)负载量过大　目前,黄金梨的盛果期大树,每 667 平方米的产量大多为 4 000～5 000 千克,这是不合理的负载,会使果品质量严重下降。盛果期大树每 667 平方米的产量,最好为 3 000～3 500 千克;也就是说,每 667 平方米总的套袋果量不应该超过 12 000 个果,最好控制在 10 000 个左右。留果过多,虽然产量增高,但果个小,商品果率低,收入明显下降。

(5)果锈严重 黄金梨的果锈,主要包括水锈和药锈两种。水锈,主要是套小袋过晚或套袋时扎口不严引起的;药锈,主要是套小袋前喷药不科学引起的。套小袋前喷药时,压力过大(压力表刻度 2.0 以上),喷布时间过长(呈雨淋状),就会在幼果表面上形成小药滴,长时间刺激果面幼嫩细胞,从而形成药锈。另外,套小袋前喷布含有锰等金属元素类的农药,如大生 M-45、亿生、德生、安宝生和喷克等,也会引起药锈的发生。这些药物应在套小袋结束后再使用。

(6)修剪过重或过轻 黄金梨结果前要轻剪,而部分黄金梨园却按照以前老的修剪方法,过多地疏枝或短截,结果导致幼树枝叶量减少,早期产量下降。黄金梨结果后,结果枝组易衰弱,修剪过轻易产生小果,且品质下降。当枝组枝头下垂后,要及时用新梢代替,并将原来枝组进行回缩更新。对竞争枝、背上枝、徒长枝、重叠枝、直立枝、枯死枝和病虫枝,要及时疏除,下垂枝和交叉枝要及时回缩,防止树冠内光照条件变坏,引起果品质量下降。

(7)害虫进袋为害 过去栽培梨树,梨木虱进袋危害很轻。近几年发现,梨木虱进袋危害黄金梨特别严重。2004 年在山东胶东半岛,梨木虱 5 月下旬即开始进袋为害;2005 年秋季发现,康氏粉蚧进袋为害也比较重,前期为害轻,采收时发现为害严重。所以,对这两种害虫,需特别注意。

(8)采收过早 目前,为了尽早抢占市场,黄金梨生产中普遍存在"采青"(早采)现象。而黄金梨应适时采收,其果实正常发育期为 145 天左右。采收过早,不仅产量低,而且会使果实口感变差,降低黄金梨的价格及栽培效益。

(9)采后处理环节薄弱 先进国家的水果,采后 100%经商品化处理(清洗、打蜡、分级、包装)后投放市场,而我国梨果的采后处理量总体上只占 1%左右,因而严重影响了梨果的外观质量。大部分黄金梨在采收后,只经过简单分级、包装后,即直接上市,缺乏清洗、打蜡及其他精细包装的环节,这无疑妨碍了黄金梨外观质量的提高。

(10)贮藏不科学 现在,大部分地区的黄金梨果实采用冷库贮藏。据连续几年试验发现,黄金梨用冷库贮藏效果差,后期易出现"黑心病",即果核处褐变,基本贮藏不到春节。而用保鲜膜采取气调贮藏,效果很好,可以贮藏至翌年的 3～4 月份,果实鲜嫩如刚刚采收一般。

6. 黄金梨在原产地韩国栽培现状如何?

韩国栽培的砂梨是从日本引进的。20 世纪 50～60 年代,其主要栽培品种为晚三吉、长十郎和今村秋等,占梨树栽培总面积的 80%左右。自 70 年代以来,新高成为主栽品种,到 1992 年其栽培面积占总面积的 55%。与此同时,黄金梨的栽培面积发展到 1 024 公顷,秋黄达到 64.4 公顷。到 2000年,黄金、华山等新品种的栽培面积占 30%左右,而丰水、新水、幸水等仅占 10%左右(表 1)。到 2004 年,韩国砂梨栽培主要品种仍为新高和长十郎,分别占 55.3%和 20.0%。最近几年来,韩国新品种的出口量不断增加,在东南亚梨市场的竞争力也不断增强,新的砂梨品种如黄金、华山等,已经成为韩国砂梨栽培品种中最有竞争力的品种群。

表1 韩国梨品种结构的变化状况

（据金正浩资料，%）

年　份	长十郎	晚三吉	今村秋	新　高	廿世纪	新水、丰水等	黄金、华山等	其　他
1954	30.3	23.8	26.5	0.1	6.2	—	—	13.1
1976	34.5	26.8	7.2	21.0	1.6	—	—	8.9
1987	29.0	19.5	5.1	38.3	—	1.2	—	6.9
1992	20.9	12.9	3.8	55.3	—	2.1	2.0	5.0
2000	5.0	4.0	1.0	40.0	—	10.0	30.0	10.0

韩国梨品种总的调整趋势是：新高梨逐步由黄金梨和华山梨所取代；长生梨由秀黄梨所取代；晚熟品种将以秋黄和甘川为主。

二、主要生物学特性

7. 黄金梨的一生有几个年龄时期？
不同年龄时期的管理要点是什么？

黄金梨树的一生要经历生长、结果、衰老和死亡的过程。这个过程，一般分为幼树期、初果期、盛果期和衰老期等四个年龄时期。各个年龄时期的生长发育特点及栽培管理要点如下：

(1)幼树期 从定植到开始结果前的一段时间。黄金梨一般从定植第一年至第二年为幼树期。这段时间栽培的目的是增加枝叶量，加强树体的营养生长。其栽培管理要点是：增施肥水，适当轻剪长放，整好树形，留好骨干枝，促使多出长枝，多形成腋花芽，早结果。

(2)初果期 从结果到大量结果前的一段时间。黄金梨一般从定植第三年到第五年为初果期。这段时间是黄金梨树冠和根系离心生长最快的时期，枝叶量迅速增加，花量和产量迅速增加。其栽培管理要点是：继续增施肥水，修剪要轻重结合，实施"三套枝"（详见第143题）修剪，搞好疏花疏果，合理负载，重视树体结构的调整，为加快进入盛果期而奠定好基础。

(3)盛果期 从初果期之后，到衰老之前的一段时间。黄金梨一般从定植后第六年开始为盛果期。这段时间，黄金梨的产量最高，品质最好。但对营养物质消耗也最大，树体也容易衰弱，并容易出现"大小年"。这段时间的栽培管理要点是：

充分供给肥水，并结合其需求配方施肥，调整好负载量，维持其健壮树势，延长有效结果年限。

(4)衰老期 在盛果期之后，到黄金梨树体枯死的一段时间。在进入衰老期后，骨干枝、骨干根大量死亡，逐渐失去结果能力。黄金梨在进入衰老期之后，应及时伐除，重新建园。

8. 黄金梨在一年中的生长发育有什么特点？

黄金梨在一年中，随着外界环境条件的变化，表现出一定的生长发育节奏和规律。其中最主要的特点是，可以明显地划分出"生长期"和"休眠期"。一年中，从萌芽到落叶都属于生长期，要逐渐完成萌芽、开花、抽枝、展叶、生根和结果等生长过程，叫"生长期"。从落叶到翌年萌芽，叫"休眠期"。

随着一年中季节性气候的变化，黄金梨不同器官所表现出的生长动态时期，叫"物候期"。一般包括根系活动期、萌芽期、开花期（初花、盛花、谢花）、展叶期、新梢生长期、花芽分化期、果实发育期、果实成熟期和落叶期等。在不同时期中，树体有不同的生长中心和生长特点，对环境条件和栽培措施有不同的要求。

因此，在黄金梨的生长过程中，要根据年周期的生长发育特点，围绕不同时期的生长中心，采取相应的栽培措施。只有这样，黄金梨栽培才能达到长树、结果、丰产、优质与高效的生产目的。

9. 黄金梨的根系有哪些特点？

黄金梨的根系与其他栽培梨根系一样，主要有以下特点：

(1)根系发达，须根较少 梨砧木种子萌发后，胚根生长旺盛,直根粗壮发达,出圃起苗时常易折断,影响定植成活率。所以,育苗时需要先行移栽或切断主根,促发侧根。梨苗定植成活后,自断口处发生新根,早发生的、生长旺的,代替主根向下延伸而形成垂直骨干根,弱的发育成须根。侧生骨干根中开张角度大的,向水平方向延伸,而形成水平骨干根。

(2)成层分布且较深,二层根系少而弱 梨的垂直根生长到一定深度,即不再延伸,有时甚至死亡。由侧生骨干根中开张角度小的和水平骨干根上向下生长的副侧根,与垂直骨干根共同形成下层土中的根系。

(3)根系由主根、侧根、须根和根毛组成 根毛是直接从土壤中吸收水分和养分的器官,侧根又分为垂直根和水平根。一般情况下,垂直根分布的深度为2～3米,水平根分布一般为冠幅的2倍左右,少数的可达4～5倍。

10. 黄金梨的根系有哪些功能?

黄金梨的根系与其他栽培梨系统(白梨、秋子梨、西洋梨等)的根系一样,是由砧木决定的。主要有以下功能:

(1)固定功能 将黄金梨树体固定于土壤中,防止倒伏。尤其是深层根系,吸收功能小,主要起着固定树体的作用。

(2)吸收功能 吸收树体需要的水分和矿质元素。除根系自身消耗外,主要是满足地上部分生长发育的需要。

(3)合成功能 根系能合成树体生长发育所需的某些重要物质,如氨基酸、蛋白质、糖类、生长素和细胞分裂素等。

(4)运输功能 将吸收、合成的部分营养物质和生长调节剂,运输到地上部的各个器官。

(5)贮藏功能 根系能贮藏一定的养分,尤其是能贮藏部分光合产物,可以满足自身和地上器官有时的需求。

(6)繁殖功能 根系可以产生部分根蘖,用以繁殖。但目前主要是以种子繁殖实生苗,然后进行嫁接繁殖。

11. 黄金梨根系是如何分布的?

黄金梨根系分布的深广度和稀密状况,受砧木种类、品种、土壤理化性质、土层深浅和结构、地下水位、地势和栽培管理等因素影响较大。在土质疏松深厚少雨的陕西洛川地区,杜梨(砧木)根可达到 11 米以下。

黄金梨树根系多分布于肥沃的上层土中,在 20~60 厘米之间土层中根的分布最多、最密,80 厘米以下根量少,150 厘米以下的根更少。水平根愈接近主干,根系愈密,愈远则愈稀,树冠外一般根渐少,并且大多为细长少分叉的根。

因此,在栽培黄金梨时,一定要注意对浅层根系(地面以下 10~20 厘米)的保护,在中耕、施肥的过程中,尽量少伤及浅层根,使树体发育旺盛,生长结果良好。

12. 影响黄金梨根系生长的因素有哪些?

影响黄金梨根生长的因素很多,主要有以下几个方面:

(1)地上部有机养分的供应 根系的生长,养分、水分吸收运输和合成所需的能量物质,都依赖于地上部有机营养的供应。在新梢生长期间,新梢下部叶片制造的光合产物,主要运输到根系中。新梢有节奏和适度的生长,对维持根系的正常生长是必不可少的;结果太多,或叶片损伤,都可能引起有机营养供应不足,抑制根系的生长,即使加大肥水管理也难以奏效。

(2)土壤温度 土壤的温度对根系的生长发育影响很大。地温达到 0.5℃时,根系开始活动。土壤温度达到 7℃~8℃

时,根系开始加快生长。13℃～27℃,是根系生长的最适温度。达到30℃时,根系生长不良,达到31℃～35℃时,根系生长完全停止,超过35℃时根系就会死亡。

(3)土壤三相 土壤固相(土壤质粒)、液相(主要是水分)和气相的组成比例,对根系生长影响很大。土中气体的氧含量大于15%时,根系可正常生长。在根系分布层中,土壤含水量达田间持水量的60%～80%时,最有利于根系生长。

(4)土壤营养 肥沃的土壤可以使根系得到良好的发育。在肥沃的土壤中,梨树的吸收根多,持续活动的时间长。

13. 黄金梨的根系每年有几次生长高峰? 分别在什么时间出现?

黄金梨的根系每年有两次生长高峰。一般情况下,根系活动比地上部生长要早1个月左右。

(1)第一次生长高峰 在新梢停止生长后,根系生长最快,形成生长高峰。山东省的胶东地区,根系生长的第一次高峰一般出现在5月中下旬。

(2)第二次生长高峰 在采果前,根系生长变强,出现第二次生长高峰。据观察,在山东省的胶东地区,黄金梨的根系自5月12日开始,生长量会明显加大,6月9日达到最高峰,以后逐渐回落。第二次自9月5日开始上升,9月28日达到高峰,10月26日降到最低点。落叶后至寒冬时,生长微弱或被迫停止生长。

14. 如何根据黄金梨根系生长的 高峰情况进行生产管理?

在生产中,应结合黄金梨根系生长高峰来施肥,尽量在其根系生长高峰到来之前将肥料施入土壤。

第一,在根系第一次生长高峰到来之前,也就是新梢停止生长前后,如山东省的胶东地区一般在5月上中旬,将有利于促进树体当年花芽分化和果实膨大的追肥,全部施入土壤中,以利于根系吸收。施肥后,要及时灌水,以利于根系吸收肥料。

第二,果实采收后,胶东地区一般在9月下旬至10月上旬前后,将翌年黄金梨树体需要的基肥全部施入土壤中,然后及时灌水。

通过连续几年的对比观察后发现,秋季采果后施基肥的黄金梨树,比春季施基肥的黄金梨树,在整个生长季节都明显表现出叶片浓绿、光亮和质厚的特点,光合效果好,果个大,产量增加明显。

15. 黄金梨的枝条可以分为哪两种类型?

黄金梨的枝条是由叶芽萌发后形成的。按枝条的生长结果习性,一般将枝条分为营养枝和结果枝两类。

(1)营养枝 未结果的发育枝称为营养枝。按长度可分为长、中、短枝。一般20厘米以上的为长枝,5~20厘米的为中枝,5厘米以下为短枝。按生长发育时间的不同,又可分为新梢、一年生枝、二年生枝及多年生枝。春季叶芽萌发至落叶以前称为新梢,在当年生新梢上再发的新梢,称为副梢。新梢落叶后至第二年萌发以前,称为一年枝。一年生枝萌发后至下年萌发前称为二年生枝。二年生枝以上的枝称为多年生枝。

在一个当年生新梢上,春季生长的部分,叶片大,芽体饱满,称为春梢。黄金梨的新梢与苹果不同,没有秋梢,在春梢上夏季继续生长的部分,称为夏梢。

(2)结果枝 枝条上着生花芽,可以开花、结果的枝,称为结果枝。长度在 15 厘米以上的为长果枝,5~15 厘米的为中果枝,5 厘米以下为短果枝。结果后留下的膨大部分为果台,果台上的分枝称为果台副梢或果台枝,果台枝可连续结果。黄金梨虽然果台枝连续结果能力较强,但连续结果多年以后,果个明显变小,而且果台枝也变为衰弱的鸡爪枝,要及时用1~2 年生新枝更新,以提高果品质量。

一般情况下,黄金梨的果台副梢当年可形成饱满的花芽,但使用膨大剂(2.7％或 3.1％的赤霉素羊毛脂膏)后,果台副梢上的花芽明显瘦小,即使当年用它来结果,果个也会明显地变小。

16. 黄金梨的枝条生长有何规律?

(1)加长生长 黄金梨枝条的加长生长,是通过顶端分生组织分裂和节间细胞的伸长而实现的。随着枝条的伸长,进一步分化出侧生叶和芽,枝条形成表皮、皮层、木质部、韧皮部、形成层、髓和中柱鞘等各种组织。从芽的萌发到长成新梢,要经过以下三个时期:

①**开始生长期** 从萌芽到第一片真叶分离。此时期主要依靠树体上一年的贮藏养分。从露绿到第一片真叶展开的时间长短,主要取决于气温的高低。晴朗高温,开始生长期持续的时间短;阴雨低温,开始生长期持续的时间长。一般情况下持续 10~14 天。

②**旺长期** 此阶段枝条延伸快,叶片的数量和面积增加也快,所需要的能量主要依靠当年叶片制造的养分。新梢长度与生长持续时间的长短,取决于新梢的节数。

③**缓慢生长期** 由于外界条件的变化,以及果实、花芽与

根系发育的影响,枝梢长至一定时期后,细胞分裂和生长速度逐渐降低和停止,转入成熟阶段。

(2)**加粗生长** 树干、枝条的加粗生长,都是形成层细胞分裂、分化和增大的结果。梨树解除休眠是从根颈开始的,逐渐上移。但细胞的分裂活动,却首先是从生长点开始的,它所产生的生长素刺激了形成层细胞的分裂。所以,加粗生长略晚于加长生长。初期的加粗生长,依赖于树体上年贮藏的养分。当叶面积达到最大面积的 70％左右时,养分即可外运供加粗生长。所以,枝条上叶片的健壮程度和大小,对加粗生长影响很大。梨树定干后,整形带以下的芽可以暂时不抹除,以便有利于加粗生长。

多年生枝的加粗生长,则取决于该枝上长梢的数量和健壮程度。随着新梢的延长,加粗生长也达到高峰。此时,加长生长停止,加粗生长也逐渐减弱。大多数的研究表明,多年生枝只有加粗生长而没有加长生长。枝龄越小,加粗的绝对值越小,相对值越大。

17. 什么是顶端优势和层性?

顶端优势,是指活跃的顶部分生组织、生长点或枝条,对下部的腋芽或侧枝生长的抑制现象。通常梨树有较强的顶端优势,表现为枝条上部的芽萌发后,能形成新梢,越向下生长势越弱,最下部的芽处于一种休眠状态。顶端枝条沿母枝枝轴延伸,愈向下枝条开张角度愈大。如果除去先端生长点或延长枝,则留下的最上部芽或枝仍沿原枝轴生长。

层性,是顶端优势与芽的异质性共同作用的结果。中心干上部的芽萌发为强壮的枝条,愈向下生长势愈弱,基部的芽几乎不萌发。随着枝龄的增加,强枝愈强,弱枝愈弱,形成了树冠中大枝呈层状结构,这就是层性。

18. 什么是枝量? 黄金梨
枝量的多少与产量有何关系?

枝量,是指树上一年生枝数量的总和。一株树上所有一年生枝数量的总和,叫"单株枝量"。

黄金梨成龄树是以顶花芽结果为主的梨树品种。因此,枝量是花量和产量的基础。据调查,黄金梨在每 667 平方米定植 166 株(株行距为 1 米×4 米)的情况下,单株枝量为 350~400 条时,每 667 平方米产量可达到 3 500 千克左右。

生产实践也进一步证明,黄金梨在一定的产量范围内,产量有随枝量的增加而上升的趋势。但当枝量增加到一定界限后,由于枝条发育质量的下降,以及成花和坐果数量的减少,产量反而会随之降低。因此,枝量应有一个适宜的数量范围,不是越多越好。

19. 怎样增加和调整黄金梨的枝量?

枝量虽然是一年生枝数量的总和,但枝量的多少,却主要决定于短枝和叶丛枝的数量。调查发现,黄金梨短枝数量多的,总枝量也大;短枝数量少的,总枝量也少。因此,增加短枝和叶丛枝数量,是增加总枝量的主要途径。凡是能缓和树体长势,提高萌芽率的措施,都能增加短枝的比例和总枝量。

黄金梨生产中最常见的技术措施是修剪,如开张角度、轻剪长放、目伤、环刻以及延迟修剪等,都可以明显增加枝量。调整黄金梨枝量,主要是对那些因枝量过大,交叉郁闭,重叠严重,树势衰弱,而产量下降和品质降低的树所进行的。调整枝量也要靠修剪来完成,一般采取"以疏为主,疏缩结合"的方法,如疏除密集、衰弱的辅养枝和结果枝组,回缩衰弱、过长的结果枝组等,均能起到减少枝量,集中养分,复壮树势,提高结果能力和品质的作用。

20. 黄金梨的芽有什么特性?

黄金梨的芽具有一般砂梨品种都具有的特性,主要有以下几点:

(1)芽鳞痕与潜伏芽 春季萌发前幼梢已经形成,萌芽和抽枝主要是节间延长和叶片的扩大,芽鳞体积基本保持不变,并随着枝轴的延长而脱落,在每个新梢基部留下一圈有许多新月形的芽鳞痕。因为可以依据芽鳞痕来判断枝龄,故芽鳞痕又称为外年轮或假年轮。每个芽鳞痕和过渡性叶的腋间都含有一个弱分化的芽原基,从枝的外部又看不到它的形态,所以称为"潜伏芽",又叫"休眠芽"。黄金梨的潜伏芽寿命长,一般情况下不萌发,只有在树体进入衰弱期或受到强刺激(重修剪或锯大枝)的条件下,潜伏芽才可以萌发。

(2)芽的异质性 枝条不同部位的芽体,由于其形成期营养状况、激素供应及外界环境条件不同,造成了它们在质量上的差异。这种现象称为芽的异质性。一般情况下,枝条如能及时停止生长,则顶芽的质量最好。黄金梨在夏季形成的顶芽(夏梢上的顶芽),时间晚,有机营养积累时间短,芽的饱满程度差,甚至顶芽尚未形成而低温来临,迫使枝条停止生长。腋芽的质量取决于该节叶片的大小和提供养分的能力,因为芽形成的养分和能量主要来自该节的叶片。所以,枝条基部和先端芽的质量较差。

(3)芽的晚熟性 黄金梨的芽属于晚熟性芽,即在一般情况下当年不萌发,新梢也不分枝。但黄金梨有时发生二次梢,而大多数砂梨品种则不发生二次梢。

(4)萌芽率高,成枝率低　枝条上的芽抽生枝叶的能力称为萌芽力,又称为萌芽率。以萌发芽占总芽数的百分率来表示。萌发的芽可生长为长度不等的枝条,把抽生长枝的能力称为成枝力,又称为成枝率。黄金梨萌芽率高,成枝率低,与多数砂梨品种习性相同。

21. 黄金梨的花芽分化有哪几个时期?

黄金梨的花芽分化分为三个时期,即生理分化期、形态分化期和性细胞形成期。

(1)生理分化期　此期的花芽分化与叶芽的分化没有区别。第一时期中所形成芽的鳞片大小及多少,是花芽好坏的一种标志。鳞片多而大,则芽质基础较好。节上叶片小的,芽发育差,鳞片也少。鳞片因营养状况、枝龄、树势和芽分化生长发育时期的长短等不同而有差异,所以,鳞片的多少及大小,又是母枝好坏、树势强弱以及营养状况的一种形态指标。

(2)形态分化期　花芽分化都是只有在第二时期中才能进入形态分化。如第一分化期后芽的基础较好,营养状况又较好,则在第二时期才能进入花芽分化;反之,仍然是叶芽。进入花芽分化的芽,在新梢停止生长后不久即开始分化。由于树势、枝条的强弱、停梢的早晚、营养状况、环境条件等不同,花芽分化的开始时期亦有不同。

据推算,黄金梨在山东胶东地区的花芽分化,自6月上旬(黄金梨在胶东半岛一般年份5月中下旬新梢停长)开始,6月上中旬到8月上中旬为大量分化阶段。

(3)性细胞形成期　经休眠后的花芽,于次年春季萌芽前继续雌蕊的分化和其他性器官的发育,直到形成胚珠,最后才萌芽开花。

因此,在黄金梨的生产管理中,应重点抓好 5 月下旬前的肥水管理,防止因肥水不足而造成花芽分化不良。

22. 影响黄金梨花芽分化的因素有哪些?

影响黄金梨花芽分化的主要因素有以下几点:

(1)养　分　影响黄金梨花芽分化的养分,包括树体养分和土壤养分。花芽分化期,树体养分分配不均衡,营养生长与生殖生长不协调,如营养生长过旺等,会导致花芽分化不良。土壤养分的多少及其比例,也可影响花芽的分化。

(2)激　素　树体内源或外源赤霉素(GA_s)上升,如留果过多,导致种子数量上升,引发赤霉素分泌多;或在幼果期果柄涂抹赤霉素羊毛脂膏等,则花芽分化受到明显影响,质量严重下降。

(3)光　照　光是花芽形成的必需条件。高光强促进成花,低光强成花率下降。其主要原因可能是光影响光合产物的合成与分配,弱光导致根的活性降低,影响 CTK(细胞分裂素)的供应。

(4)温　度　温度对果树的新陈代谢产生很重要的影响,如光合、呼吸、吸收和激素变化等。当然,也会对花芽分化产生作用。

(5)水　分　在花芽分化期,适度的水分胁迫,可以促进花芽分化。适当的干旱,使营养生长受到抑制,糖类(碳水化合物)易于积累,有利于花芽分化;但过度干旱,则不利于花芽的分化。

(6)重　力　重力可影响花芽分化,通常水平枝比直立枝易成花。这可能与抑制生长,吲哚乙酸(IAA)下降和乙烯

（ETH）增高有关。

23. 如何判断黄金梨花芽的数量和质量？

黄金梨花芽数量的多少和质量的好坏，对产量有明显的影响。在生产中，这也常常是实施花果管理、整形修剪与施肥的重要依据。花芽数量，常以具有花芽的花枝占总枝数的比例，即"花枝率"来表示。一般情况下，5～6年生树，花枝率达到30%～50%时，基本上可以实现高产和稳产。

黄金梨花芽发育质量的好坏，可从外观上看出来。一般花芽的个体大，鳞片红色、油亮，不起毛，说明花芽发育质量好。也可以用花芽镜检，根据芽中的雏花数量来判断。

根据黄金梨花芽的数量和质量情况，就可以采取有针对性的管理措施。当花枝率达到30%以上，且花芽饱满、油亮时，说明已经具备了充分坐果、实现丰产的条件，就要采取以控制花量为主的修剪方法；当花枝率低于30%，且花芽瘦小时，说明花量不足，坐果能力较差，就要采取以保花为主的修剪方法。

24. 黄金梨的腋花芽有什么特点？ 在生产中如何利用？

黄金梨的花芽为混合芽，既可开花又能抽生枝叶。一般按芽的着生位置的不同，分为顶花芽和腋花芽。着生于顶端的花芽称为顶花芽，着生于叶腋间的花芽称为腋花芽。

在正常情况下，一年生黄金梨枝条大部分具有腋花芽，且腋花芽坐果率较高。可以利用这一特性来实现早实丰产。据观察，黄金梨的腋花芽大多着生在一年生枝的中上部，过粗和过细的枝条形成腋花芽少，中庸枝形成腋花芽多。一个枝条中,越靠近上端,腋花芽越饱满,中部以下的腋花芽比较瘦小,一般很难开花结果;即使开花,坐果率也低。

黄金梨幼树期,除主干及骨干枝的延长枝要适当短截外,对树体萌发的其他枝条,由于其上着生一定数量的腋花芽,因而要缓放或轻短截结果,以增加早期产量。缓放结果后,由于其衰弱快,要及时回缩,并留预备枝更新,防止其由于下垂而继续衰弱,使之成为稳定的结果枝组。

25. 黄金梨的叶片有何特点?

黄金梨的叶为完全叶,叶片大,长 12.2～13.0 厘米,宽 7.3～7.5 厘米,长椭圆形。基部圆,先端渐尖,叶尖长。新叶呈淡黄色,成叶浓绿色,几乎无毛。叶缘锯齿特大,齿刻深而宽,常为复锯齿,具有长芒。这是黄金梨一个明显的植物学特征。

叶片是进行光合作用和蒸腾作用的主要器官,通过光合作用制造有机养分。叶片吸收二氧化碳,进行光合作用,产生葡萄糖,并进一步转化为碳水化合物,供梨树生长发育、开花结果之用。

黄金梨的叶片从萌动到展叶需 10 天左右的时间。全树叶片的迅速生长期,在 4 月下旬至 5 月上旬,为 15 天左右。一片成叶自展叶到停止生长需要 16～28 天。叶片在生长过程中,表现叶面无光泽,但在叶片停止生长时,即展叶后 25～30 天,约在 5 月下旬,全树的叶片在几天内,比较一致地显出油亮的光泽,生产上称为亮叶期。亮叶期表示,中、短枝的叶面积已经形成,是叶片功能最强的时期,又是中、短枝顶芽鳞片形成期,芽已经进入质变期。

因此,在黄金梨生产上,凡是为了促进黄金梨当年花芽分化或果实膨大的管理措施,都必须在亮叶期前或亮叶期进行。

只有这样才可以起到较好的作用。

26. 什么是叶量？在生产中有何意义？

叶量，就是整个树冠叶片的总量。叶量的多少决定树体生长量的大小、花芽形成和结果量的多少等。

在山东省的胶东地区，黄金梨的叶量在5月下旬就可达到全年叶片总量的70%～85%或以上。据报道，在山东的莱阳地区，全树90%以上的叶面积，在6月1日前已经形成，特别是正常生长的成年树更是如此。在此时期形成的叶是芽内分化的叶，此类叶可以在枝条停止生长前后大量形成光合产物，对花芽分化、果实生长发育和根的生长等均有利。5月下旬以后形成的叶，大部分是长梢芽外分化的叶，这些叶要在新梢停止生长后，才能有较高的光合生产率。所以，长梢多，对前期营养积累不利，对花芽分化及果实的前期生长都不利，但有利于后期的营养积累。

根据各地的实践经验，叶面积形成的早晚和大小，不仅影响当年的产量和枝条的生长，而且还影响当年的花芽分化和贮藏物质的积累。花芽的形成与短枝叶片的数量有关。通常4～6片叶的无果短枝，当年即可形成花芽。坐果情况也与叶片数目的多少紧密相关。具有3片叶的短果枝开花后均不能坐果，4片叶短果枝的结实率为10%，5片叶以上的短果枝的结实率为80%。

生产上，常常用叶面积指数表示群体叶面积的大小和分布。叶面积指数，是指单位面积上所有叶面积总和与投影面积的比值。梨树的叶面积指数一般以4～5的范围比较适宜，叶面积指数过大，下层光照条件差，无效叶多，光合产物积累少；叶面积指数过小，光合产物减少，产量也低。

根据黄金梨叶片生长快、停长早的特点(尤其是短枝和短果枝更是如此),在黄金梨的栽培中,必须加强春季的肥水管理,以保证当年生长和结果良好,有利于促进花芽分化和养分的积累。

27. 如何进行叶片营养诊断?

叶片对黄金梨树的营养状况、环境条件变化反应敏感,是衡量黄金梨树势好坏的指示器官,许多栽培措施都可根据叶片的反应来决定。

江苏农学院的研究表明,鸭梨、黄盖梨等品种,稳产在150千克以上的树,每果平均叶面积应在600平方厘米以上,单叶平均面积45平方厘米以上,叶片厚在0.17毫米以上;叶色稳定在云杉绿(中国科学院1957年版标准色谱)以上;叶幕中有较多叶片的解剖结构,第一层栅状组织较厚,细胞长度在45微米以上,第三层细胞基本上转化成栅状组织,是树势健壮、株产量维持150千克以上的标志。

黄金梨引入我国时间短,还没有其叶片营养诊断的标准出台。在韩国,目前也是参照砂梨品种新高的标准(表2)。

表2 韩国新高梨叶片营养诊断的标准值

(据韩国有关资料)

矿质元素	标准值	不足(甚)	不 足	正 常	过 量	过量(甚)
氮(%)	2.478	≤1.288	−1.883	−2.478	−3.077	多于前两项
磷(%)	0.138	≤0.038	−0.109	−0.167	−0.225	—
钾(%)	1.910	≤0.853	−1.557	−2.262	−2.967	—
钙(%)	1.426	≤0.668	−1.180	−1.668	−2.178	—
镁(%)	0.294	≤0.127	−0.257	−0.327	−0.457	—
铁(mg/kg)	96.71	≤48.04	−72.37	−121.04	−145.38	—
锰(mg/kg)	197.7	≤67.58	−109.19	−286.24	−463.28	—
硼(%)	35.06	≤7.79	−27.70	−46.43	−62.16	—

28. 黄金梨树为什么会提早落叶？
有什么害处？怎样预防？

最近几年发现,有的黄金梨园片常常在果实采收后,提早落叶。如胶东地区一般在9月下旬至10月上旬大量出现落叶。黄金梨提早落叶后,光合产物积累少,树体贮藏养分水平下降,导致花芽分化不良,影响翌年产量。引起黄金梨提早落叶的原因较多,主要有旱涝落叶和病虫落叶两类。

(1)旱涝落叶 土壤水分不足,是引起旱落叶的直接原因。旱落叶,一般是在枝梢基部的叶片和冠内叶丛枝的叶片上发生,先变黄而后落叶。涝落叶,一般是因为土壤长期积水,使根系须根受到损伤而造成的。涝落叶在树冠中分布范围较广,但往往在树冠内部落叶较重。

(2)病虫害落叶 病虫危害引起的落叶,在黄金梨上发生不是很严重,但也要引起重视。引起落叶的病害有梨根癌病、干腐病、白粉病、黑星病、黑斑病和褐斑病等;虫害有螨类和潜叶蛾类等。在黄金梨生产中,要注意对以上病虫害的控制。

(3)防治措施 对由于旱涝引起的落叶,其克服办法是纠正灌水不科学的做法,不要仅凭肉眼观察到土壤干旱时再灌水,而要根据黄金梨的需水时期,适时科学灌水。进入雨季后,要及时排出多余的水分,防止涝害的产生。对病虫害引起的落叶,要加强防治,针对病虫害的发生情况,适时喷布杀虫、杀菌剂。

29. 黄金梨的花序及其开花有何特点？

黄金梨的花序为伞房花序。在正常情况下,每个花序可开花8～15朵,多的可达15朵以上,属于梨花序中的多花类型(梨的花序,平均每个花序有 5 朵花以下的,为少花类型;5~8 朵花的,为中花类型;8 朵花以上的,为多花类型)。

黄金梨的花呈白色,萼片 5 片,呈三角形,基部合生筒状。花瓣 5 枚,为广卵形,全缘,先端略圆,离生。雌蕊由柱头、花柱和子房三部分组成。柱头 5 个,离生,雌蕊显著高于雄蕊,基部着生柔毛。雄蕊 20 枚,分离轮生。

黄金梨开花的同时,先抽生一段新梢,并可发生果台副梢。在山东省的胶东地区,一般于 4 月中旬初花,4 月中下旬为盛花期,4 月底谢花。花期一般为 10 天左右。黄金梨开花时,花序外围的花先开,中心花后开,先开的花坐果率高。在大多数情况下,一个花序可坐果 4~6 个。

30. 黄金梨的果实是怎样发育的?

经过授粉受精的黄金梨花,便开始幼果发育。黄金梨果实的发育,受种子发育的影响。种子发育分为三个时期,即胚乳发育期、胚发育期、种子成熟期。与种子发育三个时期相对应的果实的发育,也分为三个时期,即第一速生期、缓慢生长期和第二速生期。

(1)第一速生期 在落花后 25~45 天,从果实开始发育至直径达到 15~30 毫米时。此期果肉细胞迅速分裂,细胞数量增加,幼果的纵径生长快于横径生长,果实呈长圆形。

(2)缓慢生长期 该期为胚的发育时期。在山东省的胶东地区,此时期一般在 6 月中下旬至 8 月上旬。此期果实增长缓慢,主要是进行胚和种子的发育充实。

(3)第二速生期 该期自种子充实之后开始。在山东省的胶东地区,此时期一般自 8 月上中旬开始,至临近果实成熟时结束。此期果实细胞体积迅速增大,也是影响黄金梨果实产量的最关键、最重要的时期。

黄金梨树的落花落果比苹果轻,具有落花重、落果轻的特点。落花落果的主要原因是授粉受精不良和贮藏养分不足造成的。落花一般发生在花后 7～20 天。开花以后,未授粉受精的花开始枯萎、脱落。落果发生在开花后 30～40 天。幼果在胚乳发育期营养不足,就会造成胚乳停止发育,从而造成落果。

31. 影响黄金梨果实大小的因素有哪些?

影响黄金梨果实大小的因素,主要有细胞数目与细胞大小、内源激素、温度、水分、光照和矿物质等几项因素。

(1)细胞数目与细胞大小 决定黄金梨果个大小的因素,主要有两个方面,一是梨果的细胞数量。一个梨果大约由 2 500 万～4 000 万个细胞组成,大果有 3 500 万～4 000 万个,小果仅有 2 500 万个。细胞数目增加的关键时期是在花后 1 个月左右,此期及花前如营养不足,则细胞数目少。细胞数的多少,还取决于上年秋季贮藏养分和春季至 5 月末的营养状况。二是果实中细胞的大小。果肉细胞增大主要在梨果的第二速生期,此期若营养不良,则直接影响果实细胞的大小。

(2)内源激素 黄金梨的果实内有 5 个心室,授粉受精完全时,一般有 10 粒或接近 10 粒种子,果个大,果形端正,果实整齐一致。授粉差时,受精种子一侧果实发育正常,未受精或受精差的一方则发育较慢,果实易长成扁形果,造成果形不端正,而且果实也小。

(3)温　度 黄金梨幼果在花后 4 周的细胞分裂期,其日净长量与温度相关。夜间温度 20℃时,果个大,品质好;温度过高或过低时,幼果发育(细胞分裂)不良。后期即细胞体积增长期,当夜间温度达到30℃时,果实增长量小。

(4)水 分 在正常年份,水分不是细胞分裂的限制因子。但在细胞增大时,缺水导致果实变小。严重缺水时,由于叶果间的竞争,果内水分回流,导致果实失水而皱缩。水分过多,会激起新梢枝叶旺长,加剧营养生长与结实的养分竞争。旺长树枝叶过密,影响光照,降低光合作用,使进入果实内的同化物减少,也影响果实的长大。涝害伤及树体各个组成部分,果实也不例外。

(5)光 照 在细胞分裂期,幼果发育主要依靠树体贮藏的养分,光照不是限制因子。进入细胞增大期后,幼果发育依赖当年新生同化物的供应时,光照效应突出。受光良好,光合作用强,净积累量大,有利于果实细胞体积的增大;光照恶化,光合净积累量减少,不利于果实的后期增长。夏季多雨,光照不足时,叶部病害加重,同化物产量下降,果实后期生长也受阻,在树冠郁闭的园中更为突出。秋季的光照条件,与同化物的生产和贮藏有密切关系,对第二年子房、幼果的细胞分裂至关重要。

(6)矿物质 黄金梨果实中各种矿质元素的总重量,虽然只占果实干重的5%左右,但它们参与树体的全部代谢过程和器官的建造。氮是蛋白质、酶以及多种激素的成分,明显地影响细胞的分裂。氮多,则果实大。磷是卵磷脂和核蛋白的组成部分,其量虽少,但在果实细胞分裂和新细胞形成中不可缺少。缺磷时,果实细胞数目减少。钾促进光合产物的运转和向果实中积累,在果实细胞体积增大中十分重要。大果中含有多量的钾,虽然它不是果实的构成成分。在氮多的情况下,钾的效果更显著。由此可以看出,氮、磷、钾对黄金梨果实大小的影响,无论在何时期都是重要的。其他矿质元素或者影响梢叶的形成(如锌、铁),或者影响果实细胞形成(如钙),或者影响受精作用(如硼)等,对果实长大都是非常重要且不可代替的。

(7)干物质 在黄金梨果实中,除含水分外,有 10% 是干物质。干物质中的 90% 是碳水化合物,其中主要是淀粉和糖。据日本研究发现,从 5 月下旬至 6 月上旬,在细胞中开始出现淀粉,以后少量增加,到 7 月份急剧增加,7 月下旬最多;8 月份逐渐减少,9 月上旬淀粉几乎消失。糖分为还原糖和非还原糖。还原糖自 6 月末至 7 月上旬开始增加,8 月下旬达到高峰,而非还原糖 7 月下旬开始增加,8 月上旬迅速上升,直到采收为止。

(8)其 他 树势的强弱、肥水供应和负荷的多少等,都对果实长大有影响。树势弱、肥水不足和负载过多,是果实偏小的主要原因。因此,在保证花芽质量及授粉受精的基础上,还应注意疏花疏果,以保证达到大果数量的增加。

32. 什么是"大小年"? 如何克服?

"大小年",是指果树产量丰年与歉年间隔出现的现象,又称为隔年结果。通常把高产年称为大年,低产年称为小年。大小年形成的原因,主要是丰产年留果过多,影响花芽分化,而导致翌年开花结果少,形成小年。

在正常管理的情况下,黄金梨一般不会产生大小年。但黄金梨的树体会出现有的年份花芽质量好,有的年份花芽质量差。因此,在黄金梨管理水平好的果园,在冬季修剪时,仍然要按照大小年的克服方法,采取相应的修剪措施。

(1)大年树修剪 在冬季修剪时,要疏除过多的花枝,及时回缩冗长的结果枝组,适当增加短截的数量,并对果台枝进行短截,达到以花换花。春季管理,要适当加大疏花疏果的力度,减少坐果的数量,增强营养生长,多留发育枝,促进花芽分化,使翌年有较多花开放。在搞好整形修剪的同时,要加强土肥水管理,尽量实行生草制,并增加有机肥的施用量,重视配方施肥,适当增加微量元素肥料的施用量;不要使用膨大剂——赤霉素涂剂,以免影响当年花芽分化的数量和质量。

(2)小年树修剪 在冬季修剪时,要尽量多留花芽,尽量少疏花枝,并行轻短截。春季管理时,要合理疏花疏果,适当增加留果量,并尽可能使用膨大剂,促进果实发育,减少花芽分化数量,使翌年恢复正常结果。

33. 黄金梨果实的主要营养成分有哪些?

黄金梨必需的营养元素由根系吸收,并且转化为不同形态的化合物,部分进入果实。随着果实的采收及外销而离开梨园,这就会造成梨园内营养元素的缺乏。因此,明确黄金梨果实中的营养成分,对指导科学施肥及其他管理,有着非常重要的实践意义。

据研究发现,黄金梨果实同其他梨果一样,主要含有的营养成分如下:

(1)水 分 黄金梨果实中的水分占85%以上。果实作为水分的库源,是种子发育过程中对水分胁迫的自我保护。种子发育后期常遇到干旱的时候,果实中的水分对种子的成熟就显得更为重要。果实中水的结合状态及含量,是活性物质存在的条件。定向控制果实水分含量,是提高果品品质的必要措施。

(2)糖 分 果实中的糖主要有蔗糖、果糖和葡萄糖。果实中的糖主要供给种子,用作发育的营养物质和能量。

(3)淀　粉　淀粉的主要作用,是种子长期保持活力的物质基础。种子萌发时,淀粉水解为糖,参与生物能的转化。

(4)脂　肪　脂肪是在常温下呈固体状的油脂,为稳定的贮藏态化合物。脂肪的性质决定于脂肪酸的组分。

(5)蛋白质　氮是蛋白质的主要组成元素。植物组织中氮占蛋白质的 $16\% \sim 18\%$。蛋白质依氨基酸的种类及比例组成,分为清蛋白、球蛋白、谷蛋白和醇溶蛋白。梨果实中主要含有的是清蛋白。蛋白质是能量贮藏的形式。

(6)氨基酸　以人体所必需的氨基酸所占总量的比率排序,梨果中的为 36.0%,苹果、葡萄为 35.5%,板栗为 29.8%,核桃为 28.8%,枣为 26.5%,猕猴桃为 26.1%,桃为 20.4%。可见梨属于这些果实中最高的。

(7)其　他　黄金梨果实的其他营养成分,还有果胶、花青素、有机酸、单宁、维生素 C 和矿质元素等。

34. 花粉直感对黄金梨外观品质有何影响? 生产中如何克服?

花粉直感,是指杂交当代的果实或种子,具有花粉亲本表现性状的现象。据浙江农业大学和云南农学院的研究认为,梨树有花粉直感现象,能使果实外形、品质等因父本而有所变化。

据连续五年观察发现,黄金梨也的确存在花粉直感现象。用雪花梨的花粉给黄金梨授粉,黄金梨幼果上的果萼少数脱落,多数不脱落,有一些直到果实成熟也不脱落;并且果形变长,果实形状为长圆形。而用绿宝石、丰水和圆黄等品种的花粉给黄金梨授粉,却很少发生这种现象。

所以,在黄金梨生产中,选择授粉品种配置授粉树或采集花粉时,要求授粉树品种或被采花粉的品种果个大、色亮、形正、味甜、脱萼、风味好,应多选择绿宝石、丰水和圆黄等作为采集花粉的粉源,尽量不用茌梨、鸭梨和雪花梨等果萼易宿存的品种为花粉源,以避免发生花粉直感现象。

35. 黄金梨的水锈和药锈是
如何形成的?怎样预防?

黄金梨的锈斑主要有水锈和药锈等。据于绍夫等人观察,黄金梨等绿皮梨品种,在谢花后10～20天内果面未形成斑点时(表3),要抓紧时间进行套袋,尽早完成果实的套袋工作。否则,黄金梨幼果表面易产生斑点、水锈及药锈等,影响果实的外观品质。

表3　梨果面斑点的发展过程

调查日期 (日/月)	绿皮梨品种	褐皮梨品种	中间色品种
1/5	不形成斑点	不形成斑点	不形成斑点
10/5	不形成斑点	果点多数斑点化	果点少数斑点化
23/5	果点稍微斑点化	90%～100%斑点化	30%斑点化
2/6	10%～30%果点斑点化	果点间斑点化增多	50%～90%斑点化
17/6	大部分果点斑点化	果点间80%斑点化	果点间部分斑点化
27/6	大部分果点斑点化	果点间全部斑点化	果点间50%斑点化

(1)水　锈　水锈的主要诱发原因是,梨园内湿度过大,或是由于套袋时扎口不严而造成的,遇到降水量大的年份尤为严重。其防范措施是,科学合理地进行整形修剪,清理内膛徒长枝、直立枝以及其他不必要保留的枝条,通风透光;行间尽量种

植矮秆作物或不进行间作;在春季进行施肥、灌水后及时覆盖黑色地膜,降低地面的湿度,以后的追肥应进行打孔追肥。

(2)药　锈　药锈主要是由于喷药时,幼果表面受药液刺激,表皮细胞木栓化而形成的。防治办法是:在落花后套小袋前,不喷布含有锰等金属元素的药物,以及乳油类农药;而尽量喷布颗粒细度在 700 目以上的可湿性粉剂或水剂,如甲基托布津、吡虫啉和杀菌优等。

36. 黄金梨果实上的黑点是怎么回事? 怎样预防?

黄金梨的果点是由气孔发育而来的。孙敏等在 1983 年研究发现,茌梨、酥梨、黄县长把梨和蜜梨的气孔,自花后 1 个月开始表皮细胞的破裂,此后 8～13 天气孔内出现栓化堆积物,逐渐充满气孔并突出果面,然后不断增大直至成熟。由于果点是由气孔发育而来,完全使果点消失是不可能的,但可以采取措施阻止其木栓化,如套袋可以有效地阻止气孔木栓化,使果点变小。

黄金梨上的黑点,是由霉菌寄生而引起的,呈苍蝇粪状。大多是由刺吸式口器的害虫,如梨二叉蚜、黄粉蚜、梨木虱等,将排泄液排泄到果面上后,由霉菌寄生而形成的。黑点只附着在果面上,不侵入果肉,只影响果实的外观,并不会引起果实腐烂、变质。

为了防止和减轻果面黑点的发生,要做好以下几个方面的工作:

(1)防治好病虫害　在黄金梨的生产中,要搞好刺吸式口器害虫的防治工作,特别是要防治好蚜虫和梨木虱等害虫。

(2)加强树体管理　在增加有机肥施用的基础上,改善树冠内的通风透光条件,减轻果实黑点的发生。

(3)适时套袋 要及时套小袋,一定要在谢花后 7～10 天进行套小袋。否则,不仅会产生果点大的现象,而且会由于刺吸式口器害虫的危害,而加重果面黑点的发生。

37. 黄金梨果实上的黄头是 怎么回事? 怎样预防?

黄金梨果实上的黄头,是一种生理病害。近几年来,随着黄金梨栽培面积的不断扩大,在黄金梨上发病较重。黄头病的初期症状是,果实长到 1/3 或 1/2 时出现病症,是一种从果萼周围细胞停止发育而出现的隆起物。随着果实的发育,萼片变黄,萼部周围组织变硬。到黄金梨成熟时,在梨果实的果萼周围,明显有深黄色的黄头(黄帽),果肉变硬,发黄部位的果皮、果肉呈深黄色。

黄金梨的黄头病与西洋梨的铁头病、酥梨的硬头病一样,都属于梨树的生理性病害。它主要是由于根系生长发育受到限制,造成水分平衡失调所引起的。土壤水分过大,损伤吸收根(须根),导致生理失调病发生。经连续多年观察发现,黄金梨园土壤中的硼、锌等元素缺乏,发病重;土壤湿度大、氮肥的施用量大与幼果脱萼轻的黄金梨园发病重。对于不脱萼的黄金梨幼果,采取掐花萼的,基本没有此病发生。

目前在生产上,对黄金梨的黄头病主要应采取以下几种防治方法:

(1)加强管理 尤其是加强肥水和花果管理,适当增加有机肥和微量元素肥料的施用量,减少氮肥的施用量,并合理疏花疏果,严格按照枝果比或叶果比留果。

(2)剔除果萼 对果萼不脱落的幼果,尽量在疏果时疏除。实在不能疏除的,要在套小袋前用小刀轻轻剔除,再套小袋。一定不要用指甲掐除。否则,会在黄金梨果萼处留下痕迹,降低果实的商品价值。

(3)合理整形修剪 幼树要行轻剪长放,缓和树势,避免由于修剪过重而造成树势过旺,导致黄金梨幼果不脱萼。

38. 黄金梨果实不脱萼是怎么回事? 怎样防治?

黄金梨的果实属于半脱萼梨。也就是说,有的果实花萼脱落,有的果实花萼不脱落。据观察,生长旺盛的幼树及留果少的树,果实不脱萼的发病概率高;而大量结果后,树势中庸的,留果适量的树,果实脱萼的概率高。幼树及初果树修剪重、施氮肥多以及有机质含量低的黄金梨园,不脱萼现象发生严重。

黄金梨的果实不脱萼,会诱发黄头病,并引起果萼处水锈严重。生产上,可以采取以下措施防治:

(1)加强土肥水管理 在水源充足的地区,尽量施行生草制栽培。在水源紧张的地区,尽可能施行覆草栽培。要重视有机肥的施用,在正常施用氮、磷、钾肥(比例为 1∶0.5∶1)的基础上,一般情况下成龄大树,按每 667 平方米施 4 000~5 000 千克优质圈肥,或 2 000~3 000 千克发酵鸡粪,或 150~200 千克颗粒有机肥(有机质含量在 30%~50% 之间)。在以上基础上,要重视微量元素肥料的施用,尤其要注重钙、硼肥的施用量,成龄黄金梨大树每年每株施 200~300 克的硝酸钙,150~200 克的硼砂和 50~100 克的生物菌肥(如日本的EM 菌等)。

(2)适度修剪 幼树要轻剪长放,该缓放的发育枝要缓放,该疏除的枝条,如竞争枝、徒长枝、枯死枝和病虫枝等要全部疏除,该轻短截的枝条,如中干或主枝的延长枝要轻短截。成龄大树要适当重剪。所谓重剪,也不是全部短截和重疏枝,而是适当加重修剪量,特别是回缩处理的数量,防止树势衰弱。

(3)**科学疏果** 套小袋前,对不脱萼的黄金梨幼果,要尽量在疏果的时候将其疏除,保留那些已经脱萼、果形端正的黄金梨幼果。

39. 黄金梨的内在品质有哪些? 如何提高其内在品质?

黄金梨果实的内在品质包括以下几项:

(1)**硬 度** 黄金梨的果实对硬度要求比较高。决定果实硬度的内因是细胞间的结合力、细胞构成物质的机械强度和细胞膨压。细胞间的结合力受果胶的影响。随着果实的成熟,可溶性果胶增多,原果胶减少,原果胶与总果胶之间的比值下降,果实细胞间失去结合力,果肉变软。细胞壁的构成物质中,纤维素的含量与硬度的关系很大。钙和磷可以增加梨果实的硬度,而含氮、钾高则硬度下降;采收前15天内日照条件好,果实内碳水化合物多,硬度高;水分多,果个大,果肉细胞体积大,果肉硬度低;干旱年份,旱地的果实比灌溉园的果实硬度大。

(2)**风 味** 黄金梨果实风味的形成,是成熟的标志之一。幼果由于含有单宁等物质,苦涩难咽,无法食用。只有成熟的果实才具有食用的品质。所以说,果实的风味是伴随着果实成熟而形成的,果实成熟和风味的形成,是一个复杂的生理转化过程,有些机理至今尚不清楚。风味一般是指果实的甜、酸、苦、涩及香气。在风味的形成中,研究和重视较多的是甜味和酸味,甜味主要来自糖类,而酸味来自有机酸。糖、酸的绝对量的增减,决定着味道的浓淡,而入口的酸甜则与果实内的糖酸比例有关。

①糖　糖向梨果中的输送,是以山梨醇和蔗糖的形态进行的,来源主要是就近的叶片,亦即果枝上叶片是供应果实糖的主要来源。当其供应严重不足时,可以从附近的枝条调运碳水化合物。由此可见,果台留单果对果内糖的积累及果实生长发育是非常有利的。在幼果期间,因果实的生长速度慢,果实内以淀粉的形式积累一部分碳水化合物。当果实进入迅速生长期,碳水化合物主要用于构造新的器官和所需的能量消耗,在液泡中,亦有一部分糖的积累。直到果实成熟,果实内才可以积累大量可溶性糖。此期可溶性糖的来源:一是叶片的输送,二是果实内淀粉的水解。所以,果实成熟期的营养环境,以及果实发育期间糖类(碳水化合物)的积累,均对果实的甜度产生很大的影响。果实采收后,淀粉继续水解为糖,这就是采后经过贮藏的果实变甜的原因之一。

②酸　果实中有机酸来源主要有:一是来自叶片和根部;二是来自果实本身的合成和转化。糖可转化为有机酸。果实中幼果期含酸量较低,随着果实的发育,有机酸含量增加。果实成熟期,有机酸作为呼吸底物而消耗,含酸量降低。此时,果实由酸变甜。采后,有机酸仍不断下降,使糖酸比增加。

40. 黄金梨对外界温度有何要求?

黄金梨喜温,生长期间需要较高的温度,休眠期则需要一定的低温。黄金梨等砂梨可耐-20℃左右的低温,适宜的年平均温度为 13℃～21℃。黄金梨经济区栽培的北界,与 1 月份的平均温度密切相关,以不低于－10℃为栽培的北界指标。生长期过短,热量不够亦为限制因子。初步认为,一年中≥10℃ 的日数不小于 140 天的地区适宜栽培。自然休眠期较短,需冷量一般＜7.2℃的时数为 1 000 小时。生长季节中温度达到 35℃以上时,会引发枝条中部叶片失绿变黄,甚至造成落叶。

黄金梨开花需要 10℃以上的气温,14℃以上时,开花较快。花期冻害温度为:花蕾期－2.2℃～－3.5℃,开花期－1.7℃～－1.9℃(表 4)。花粉发芽需要 10℃以上的气温,24℃左右时,花粉管的伸长最快。4℃～5℃时,花粉管即受冻害。花粉自发芽至到达子房受精,一般需要 16℃的气温条件下 44 个小时,这一时期遇到低温,可影响受精坐果。

黄金梨成熟前的 1 个月左右,昼夜温差大,有利于糖分的积累。在北方地区生产的黄金梨果实,一般比南方地区含糖量要高,果锈也少,耐贮藏性也较强。

表 4　黄金梨花期冻害发生的温度　　(单位:℃)

物候期	冻害发生温度	物候期	冻害发生温度
现　蕾	－3.5	初花期	－1.9
花蕾露红	－2.8	盛花期	－1.7
铃铛花期	－2.2	花后 10 天	－1.7

41. 黄金梨对光照有何要求?

黄金梨喜光性强。在年日照为 1 600～1 700 小时,每天日照时数为 8～14 小时的地区,生长结实良好。据山东农业大学研究,在肥水条件较好的情况下,阳光充足,梨叶可增厚,栅状组织第三层细胞也能分化成栅状细胞。树高 4 米时,树冠下部和内膛光照较好,有效光合叶的面积较大。但上部阳光很充足,也未表现出特殊优异,这可能与光过剩和枝龄较幼有关。树冠下层的叶片,光合强度对光量增加反应迟钝,光合补偿点低(约 200 勒以下)。树冠上层的叶片,对低光反应敏感,光合补偿点高(约 800 勒)。下层最隐蔽区,虽光量增大,而光合效能却不高,因光合饱和点也低,这与散射、反射等光谱成分不完全有关。一般要求一天内有 3 小时以上的直射光。

日本梨树采用平顶棚架栽培,棚下光为全日照的 25% 时为光照好,为 15% 时即不良。当光照不足时,就会影响当年果实的大小、花芽分化并直接导致大小年。严重时,可以造成当年梨树落叶和套袋梨果实水锈严重发生。安徽砀山果树研究所研究表明,90% 的果和 80% 的叶在全光照 30%~70% 的范围内,可溶性固形物的含量与光照强度呈正相关,含量为9.2%~11.5%。日本杉山的研究表明,日本梨在 5 月份,如每天日照 8~14 小时,光合生产率在 3.42~5.2 克/(平方米·天)之间,就不至于发生大小年。

由于黄金梨引入时间短,在光照方面的研究还不太完善,生产中可参照日本棚架梨栽培的有关数据,即树盘下光照为全日照的 25% 左右,结合修剪措施来实施。

42. 黄金梨的水分需求有何特点?

梨的枝梢含水量占 50%~70%,幼芽占 60%~80%,果实占 85% 以上。在正常情况下,每天每平方米叶面积的水分蒸发量约为 40 克,低于 10 克即引起伤害。梨树的日需水量在 353~564 毫升之间。黄金梨的需水量最多,在年降水量为

1 000～1 800 毫米地区,仍然能正常生长。

梨比较耐涝,但在高温死水中浸泡 1～2 天即死树;在低氧水中,9 天发生凋萎;在较高氧水中 11 天凋萎;在浅流水中 20 天也不致凋萎。在地下水位高、排水不良、孔隙率小的黏土中,根系生长不良。久旱和久雨,都对梨树生长不利。在生产上要及时旱灌涝排,尽量避免土壤水分的剧烈变化。若梨园水分不稳定,久旱遇大雨,则会造成结果园大量裂果,损失巨大。

总之,黄金梨对水分需求的量较大,但过多的水对黄金梨的生长发育也极为不利,生产中既要及时灌水,又要适时排水,防止因土壤水分的剧烈变化,而影响黄金梨的正常生长发育和结果。

43. 何种土壤适宜栽培黄金梨?

黄金梨对土壤条件要求不是很严,砂土、壤土和黏土都可以栽培,但是,仍以土层深厚、土质疏松与给排水良好的砂壤土为好。

一般情况下,梨树根系在土壤中氧气含量为 12% 以上时,开始产生新根,土壤中氧气含量为 15% 以上时正常生长,低于 2% 时根系停止生长。我国梨树的著名产地,大都是冲积沙地,或保水、保肥,通透性良好的山地,或土层深厚的黄土高原。如著名的莱阳茌梨、河北鸭梨和砀山酥梨等,都是建园在河滩地上;山东省的黄县长把梨和平邑的子母梨等,则是建园在山地上。

黄金梨喜中性偏酸的土壤,土壤 pH 值在 5.8～8.5 之间均可生长良好。土壤中的有害盐类,主要有氯化钠、碳酸钠和硫酸钠等。这些盐类的有害作用是,使土壤溶液浓度大于植物细胞液浓度,迫使细胞液反渗透,造成质壁分离。另外,还有些盐类对根系有腐蚀作用,使梨树凋萎枯死。

相比其他果树而言,梨比较耐盐碱,当含盐量达到0.14%～0.2%时,可以正常生长,但是在0.3%以上的含盐量时,即受害。不同的砧木对土壤的适应力也不同,砂梨、豆梨要求偏酸,杜梨可偏碱,杜梨比砂梨、豆梨耐盐力都强。多数研究表明,梨树最适宜生长的土壤含水量标准是田间最大持水量的60%～80%。

44. 风对黄金梨生长有何影响？在生产中应如何利用？

风沙、台风和寒流,对黄金梨的生长发育和结果,都有直接的影响,风还能通过改变梨园的温度、湿度和梨园的二氧化碳(CO_2)浓度,间接地影响梨树的生长和坐果等。

在花期遇到风沙、低温等,可以导致昆虫减少、花期缩短、柱头干枯和妨碍花粉发芽,对坐果率影响极大。沙地梨园如无防风设施,遇到风沙较多的年份,不仅坐果率低,还能导致梨树的叶片被撕裂破碎,影响光合作用。

新梢生长期多某一方向大风,可以导致枝条、树冠倾斜,使一侧主枝直立难以开张,修剪时必须重新进行调整。果实采收期遇到大风,特别是台风,可造成采前严重落果。日本和韩国属于岛国或半岛国,台风较大,其黄金梨采前易落果,故采用网架栽培黄金梨。在我国大部分地区,只需在前期用竹竿支撑一下即可,后期即可以不用支架。

冬初和早春大风,对生长不充实的枝条,常常可以造成抽条,影响幼树的生长发育。花期前和花期遇到低温,还可以造成梨园减产,甚至绝产。

黄金梨生长期的微风,可以调节梨园的温度,使叶片、果实表面不至于因强烈日光造成日灼。微风还可以促进二氧化碳的流通,这对梨树的光合作用是有利的。在阴雨季节,低洼地块的梨园,风还可以降低梨园的空气湿度,减少病虫害的发生。所以,梨园应通风透光,防止由于梨树的生长而造成果园的郁闭。

三、苗木繁育

45. 适宜黄金梨嫁接育苗的砧木有哪些？

适宜黄金梨嫁接育苗用的砧木及其性状如下：

(1) 杜 梨 山东称其为毛杜梨、刺杜梨，江苏、安徽、河北与河南等省则称其为棠梨。它产于我国的华北、西北地区各省，以河南、河北、山东、山西、陕西和甘肃等省为最多。杜梨为乔木，现在各地栽培的为小乔木或灌木。嫩梢及2年生枝条均有白色绒毛，短枝常有刺状枝。叶片小，为菱形或长卵圆形，叶缘为粗锯齿，幼叶有白色茸毛，长成后正面茸毛脱落，背面残存有茸毛或后期脱落。花序外被柔毛。每个花序有花7～12朵，花柱2～3个。果实小，果形为圆球形，褐色，直径为0.5～1厘米，萼片脱落。2～3个心室。出籽率为2.0%～2.5%。在北方地区表现好，在南方地区的表现则不及砂梨和豆梨。

(2) 秋子梨 辽宁等东北地区称为山梨，河北称为野梨和酸梨。它产于我国的黑龙江、吉林、辽宁、河北和陕西等地。山梨植株高大，叶片光亮，枝条黄褐色。果实较小，单果重30～80克，圆形或扁圆形。果实黄绿色，萼片宿存。抗干旱能力强，极耐寒，能耐−52℃的低温。抗腐烂病，不耐盐碱。与砂梨、白梨和秋子梨亲和力强，与西洋梨亲和力差，是目前较为理想的砧木。在东北、内蒙古、山西和陕西等寒地梨树栽培区广泛应用，但在温暖湿润的南方不适应。

(3) 豆 梨 又名明杜梨、鹿梨。主要产于山东、河南、江苏、浙江、湖南和湖北等地。本为乔木,但现在仅为灌木。与杜梨的主要区别是:嫩枝及 1～2 年生枝、叶片等均无毛,也无刺状枝;叶阔卵形或近圆形,先端突尖,基部多数圆形,锯齿浅而钝圆。果小,球形,褐色;萼片窄狭,稍短于萼筒,成熟后脱落。树体高大,枝条褐色无毛,嫩叶红色。抗腐烂病,抗旱力强,耐盐碱,耐涝,可以适应黏土及酸性土壤,与黄金、水晶、丰水和圆黄等砂梨,以及西洋梨品种,亲和力强。

(4)砂 梨 主要产于我国的长江流域,以四川、湖北和云南等地较多。树体高大,生长健壮,枝条褐色,叶片大,卵形;果实圆形,黄绿色,果梗较长,萼片脱落。实生苗生长健壮,分枝较少,根系发达。抗旱、耐热力强,抗寒力较差,抗腐烂病能力中等。适于偏酸性土壤上生长,与品种嫁接亲和力强,是长江流域及南方地区常用的优良砧木类型。

46. 什么叫共砧苗?
它有哪些优缺点? 如何鉴别?

共砧,就是指用栽培梨的种子播种育成的实生苗,然后嫁接栽培品种,所形成的一种嫁接苗。山东胶东地区的果农称之为"大梨种苗"。

(1)共砧苗的优缺点 由于栽培品种梨的种子大而饱满,所以,播种后出苗率高,砧木苗也比较整齐和粗壮,嫁接品种后,生长旺盛,成苗快,可以当年出圃。但共砧实生苗木,属于杂交后代,根据孟德尔分离规律,杂交第二代产生分离,性状不稳定,有的表现好,有的表现差。用其嫁接后繁育的苗木,根系发育较差,对土壤的适应能力也差,易发生根部病害。尤其大量结果后,树势易衰弱,树龄和有效结果年限短,遇到降水量大的年份,树体易死亡。特别在沙滩地和丘陵地,土壤瘠薄,移栽后成活率较低,即使成活也生长发育很差。因此,共砧苗不宜在生产中推广应用。

(2)共砧苗的鉴别 种植者在购买黄金梨苗木时要特别注意,共砧苗根系较粗,皮层较厚,色泽淡黄,须根较少,嫁接口以下砧木部位呈暗绿。而用杜梨和山梨作砧木的苗木,其根系细长,色泽暗黄,皮层较薄,须根发达,嫁接口以下砧木部位呈暗灰色或灰白色。

47. 怎样采集砧木种子?
怎样进行处理和简易贮藏?

(1)采集砧木种子 选择适宜当地环境条件、种类纯正、生长健壮、无病虫害、与嫁接品种亲和力高的优良砧木单株,做上标记,作为采种母树。果实采收要适时。采收过早,种子尚未成熟,生命力差,发芽率低。要求在砧木的果实成熟时采收种子,一般在 9～10 月份采集种子。秋子梨和杜梨一般在 9～10 月份采收,砂梨一般在 8 月份采收,豆梨一般在 8～9 月份采收。

一般来讲,果实越大,其种子也越饱满。所以,应从同一种类的树上,选择较大的果实采收。

(2)采后处理与简易贮藏 采集后的果实,要放在缸内,经常浇水并翻动种子,勿使温度高于 45℃。经过 8～10 天后,果实腐烂,用清水冲洗,除去果肉,防止种子霉烂变质。然后,取出种子晾干,装入透气的麻袋或布袋中,放在阴凉干燥处保存。

48. 怎样进行砧木种子的层积处理?

梨砧木种子必须放在 2℃～5℃ 的条件下,与湿沙混合,进行层积处理才可以发芽。

层积处理时,所用的河沙要清洁。种子和河沙的比例是:大粒种子为1∶(5～10),中小粒种子为1∶(3～5)。层积前,先将种子用水浸2～4小时,待种子充分吸收水分后,捞出。层积时,将种子与河沙分层贮藏,也可混合沙藏。沙藏时,依据种子的多少,将种子沙藏于花盆、木箱或地沟中。沙藏种子一般要求处在2℃～5℃的低温下,基质要保持湿润(以手握成团不滴水,约为最大持水量的50%),并在氧气充足的条件下保存。沙藏期间要注意观察,及时补湿和翻动,防止变干(失去生命力)或过湿(种子霉烂)。并要保持适宜的温度,层积期间温度超过有效最低温度(－5℃左右)和有效最高温度(17℃左右)时,种子后熟进程会逆转,进入二次休眠而不能发芽。另外,还要保持良好的通风条件,降低氧气浓度也会导致种子进入二次休眠。

不同的砧木种子需要不同的层积时间(表5)。近几年,胶东地区的做法是秋季把野生砂梨或山梨的果实采收后,直接放于冷风库内,翌年春季将果实取出,用小刀将果实剖开,将种子取出,直接用于播种,省去了层积的麻烦。

表5　梨主要砧木种子在2℃～5℃温度下的层积日数

砧木种类	层积日数	砧木种类	层积日数
山　梨	50～60	褐　梨	40～55
杜　梨	60～80	川　梨	35～50
豆　梨	30～45	野生砂梨	45～55

49. 怎样进行砧木种子生命力的鉴定?

为了达到种子发芽整齐、幼苗生长健壮的目的,播种前需对种子进行生命力的鉴定，以确定适宜的播种量，防止因播种量不足而造成出苗不齐。进行种子生命力的鉴定的方法有以下四种：

(1)目测法 一般来讲，生命力强的种子，种皮有光泽，饱满，种子的胚乳和子叶都呈乳白色。用指甲挤压呈饼状，有油状物渗出，表明种子是新种子，并有一定的生命力。

(2)加热法 将层积前或层积后的种子晾干，放在铁板上加热。一段时间后，爆裂的种子为有生命力的种子；失去生命力的种子，即使被加热成焦糊状也不会爆裂。

(3)染色法 将种子用水浸泡，让其充分吸收水分。用靛蓝胭脂红 $0.1\% \sim 0.2\%$ 水溶液染色 3 个小时，然后用水冲净，观察染色情况。种子的胚乳和子叶未染色的，表示种子有生命力；而种子已经被染色的，表示种子已经丧失了生命力，不能用来层积和播种。

(4)生化法 具有生命力的种子的胚，其呼吸作用过程中，都应有氧化还原反应。而没有生命力的种子的胚，则没有这种反应。根据这个原理，用 TTC(氯化三苯四氮唑)渗入到种子胚的活细胞时，就会使无色的 TTC 变成红色的 TTF(三苯基甲酯)。因此，种子的胚显红色的，即为具有生命力的种子；而未染色的，则为没有生命力的种子。

50. 怎样进行小拱棚砧木育苗？

山东的胶东地区，一般在 2 月下旬或 3 月初(其他地区应在土壤解冻后)，将施足基肥的育苗地块，整成宽度为 2.2 米左右的畦子，用宽度为 5～6 厘米、长度为 4 米左右的竹片插成弓形，做成小拱棚。再将拱棚内表层厚度为 1 厘米的土取出，放在一边，然后在畦内放满水。2～3 天后，待水完全渗入土壤中,将已层积并催芽的种子撒播在畦内,每 667 平方米用种量为 4～5 千克,再将放在一边的表层土覆于畦内,用 4 米宽的塑料膜覆在小拱棚上,拉紧后两边用土压严。待 15～20 天后,种子发芽,当幼苗长至 2 片真叶时开始通风,3～4 片真叶时开始移栽到覆盖黑色地膜的大田内,并浇足水。在具体操作过程中,要注意处理好以下几个问题:

(1) 施足基肥 按每 667 平方米用 2 000～3 000 千克发酵后的鸡粪,并加入 100～150 千克氮磷钾三元复合肥。施肥后,深耕 30～40 厘米,耙平后再架设小拱棚。

(2) 对种子进行消毒 播种前,可以用 50％的多菌灵 600～800 倍液,或 70％的代森锰锌 600～800 倍液,浸泡种子 10～15 分钟。

(3) 对育苗地消毒 将育苗地整好畦子后,先灌水,待水完全渗入后,再用 10％的杀菌优水剂 600～800 倍液,喷布畦面,然后再进行播种。

(4) 及时移栽 幼苗应及时进行移栽,当幼苗达到三叶一心时,要及时进行大田移栽,错过此时期,移栽成活率将大大降低。移栽时,最好选择傍晚或阴天时进行。

51. 怎样进行大田直播育苗?

山东省的胶东地区,一般在 3 月上中旬,将施足基肥的育苗地整成宽度为 1.2～1.3 米的畦子,灌足水,3～4 天后,覆上黑色地膜用于提温和抑制杂草。因白色地膜不能使用除草剂,故一般不采用。播种时,按株距为 10～15 厘米,行距为 40 厘米,打孔播种,每孔内播层积好并已催芽的种子 3～4 粒,播种深度为 1～1.5 厘米。为减少直根生长量,应在幼苗长至 7～8 片叶时,切断主根,以增加侧根的生长量。具体播种量见表6。

表6 梨主要砧木种子每千克的粒数及播种量

种 类	种子粒数 （万粒/kg）	播种量 （kg/667m²）	种 类	种子粒数 （万粒/kg）	播种量 （kg/667m²）
杜 梨	2.8～7.0	1.0～2.5	褐 梨	3.5～5.2	1.0～2.5
豆 梨	8.0～9.0	0.5～1.5	川 梨	2.5～6.8	1.5～3.0
秋子梨	1.6～2.8	2.0～6.0	砂 梨	2.0～4.0	1.0～3.0

52. 怎样加强砧木实生幼苗的管理？

（1）土肥水管理 采用小拱棚育苗的，在三叶一心幼苗移栽大田前，要对大田进行施肥和深翻。按每667平方米施用150～200千克的商品颗粒有机肥（有机质含量在30%～50%），或优质农家土肥4 000～5 000千克，或发酵鸡粪2 000～3 000千克，并加入100千克左右的氮磷钾三元复合肥，然后深翻20～30厘米。移栽前，最好将大田用黑地膜覆盖好，然后打孔移栽。移栽后，要及时灌水2～3次。

采用大田直播法育苗的，也可以采用上述的施肥量。为了使幼苗生长良好，达到当年嫁接的粗度，必须要加强幼苗的前期管理。在6～7月份除草2～3次。

除采取以上措施外，还要追施速效肥2～3次，主要以尿素、碳酸氢铵、磷酸二铵和氮磷钾复合肥进行冲施；每次用量在5～10千克/667平方米，追施肥料后要浇水，并划锄保墒。

（2）增粗处理 在苗高30厘米时，留大叶片8～10片，进行摘心，使其增粗。据河北农业大学试验，用浓度为50毫克/升的赤霉素（GA₃）溶液，进行喷布处理，可使粗度比对照增加45%，最大茎粗比对照增加86%。

(3) 病虫害防治 梨砧木幼苗的病害,主要有猝倒病和立枯病等,具体防治方法见本书 53 题。其虫害主要有螨类、梨木虱和蚜虫类等,具体的防治方法见表 7。

(4) 及时进行嫁接 无论是小拱棚育苗,还是大田直播法育苗,都要从 6 月上旬开始进行嫁接。据连续多年试验,只要在 6 月 20 日前能嫁接上的苗,当年都可以出圃。6 月份不能嫁接的,也要在 8 月份进行补接,出半成品苗。

表 7 梨苗期的主要虫害及防治

害虫名称	为害部位	发生时期(月份)	药物防治
螨　类	叶片	4～8	用 20% 三唑锡悬浮剂 1000～2000 倍液喷布
梨木虱	叶片	3～8	用 2.0% 的高黏阿维菌素乳油 6000～8000 倍液喷布
蚜虫类	叶片	4～7	用 10% 的吡虫啉可湿性粉剂 1500～2000 倍液喷布
卷叶蛾类	叶片	4～9	用 5% 的氯氰菊酯乳油 2500～3000 倍液喷布
潜叶蛾	叶片	5～9	用 25% 的灭幼脲 3 号悬浮剂 2000～3000 倍液喷布
介壳虫	枝条	5～9	用 30% 的绵蚜康氏净乳油 1500 倍液喷布
刺蛾类	叶片	7～8	用 48% 的毒死蜱乳油 2000～3000 倍液喷布
大灰象甲	叶片	4～6	用 20% 的甲氰菊酯乳油 1000～1500 倍液喷布
蝼　蛄	根茎	4～8	用 50% 的辛硫磷乳油 2000 倍浇灌
拟地甲	根茎	3～4	用 48% 的毒死蜱乳油 1500～2000 倍液灌根

53. 砧木幼苗枯死是怎么
回事? 如何防治?

砧木幼苗枯死是由病害引起的,危害幼苗的病害,主要有猝倒病和立枯病等。

(1) 猝倒病 猝倒病的病原菌属藻状菌真菌,学名为 *Pythium aphanidermatum*。梨树砧木幼苗出苗后,在茎干尚未木质化前,基部发生水渍状病斑。病害发展很快,幼叶仍为绿色时,幼苗即倒地死亡。在高温多湿的条件下,寄主病残体表面及附近的土壤上,长出一层白色棉絮状的菌丝。

(2)立枯病 立枯病的病原菌属担子菌亚门真菌,学名为 *Rhizoctonia solani*。梨树幼苗出苗后,在茎干木质化后,茎部出现白毛状、丝状或白色蛛网状物。根部皮层和细根组织腐烂,茎叶变黄,干枯而死,但不倒地。

(3)防治方法 对猝倒病和立枯病,可以采用50%的多菌灵可湿性粉剂600~800倍液,或10%的杀菌优水剂600~800倍液,进行灌根防治。也可以采用70%的甲基托布津可湿性粉剂1 500倍液,或大生 M-45 可湿性粉剂800~1 000倍液,或70%的代森锰锌可湿性粉剂600~800倍液,40%的新星乳油8 000~10 000倍液,进行喷布防治,但防治效果不如灌根防治效果好。

54. 影响嫁接成活的因素有哪些?

影响黄金梨苗嫁接成活的因素很多,主要有以下几个方面:

(1)亲和力 是指砧木与接穗经嫁接能愈合成活,并正常生长发育的能力。具体是指砧木和接穗两者在内部组织结构、生理和遗传特性等方面的相似性或差异性。

据观察,黄金梨与杜梨、豆梨、山梨和野生砂梨等的亲和力均强,而且与大部分梨树品种,如鸭梨、茌梨、酥梨、香水梨、绿宝石、早酥和丰水梨等,进行大树高接,也未发现不亲和现象。

(2)砧穗质量 砧木与接穗发育充实,贮存营养物质多时,嫁接后容易成活。因此,应选择组织充实健壮、芽体饱满的枝条作接穗。据多年试验发现,夏季芽接(贴芽接、嵌芽接等,接穗带木质部的芽接方法)时,砧木呈半木质化,而接穗木质化或也呈半木质化的组合,成活率高;而砧木已经木质化,接穗也呈木质化的组合,成活率低;砧木已经木质化,接穗呈半木质化的组合,基本不成活。

(3)温　度　一般在15℃以下时,愈伤组织生长很缓慢;在15℃～20℃时,愈伤组织生长加快;在20℃～30℃时,愈伤组织生长较快。其中梨苗嫁接后,在25℃时愈伤组织生长最快。因此,在春季芽接时,尽量将接穗嫁接在向阳处,以利于提高接口处的温度;而夏季芽接时,应尽量把接穗接在背阴处,以降低接口处的温度。春季枝接时也应将大的削面朝向阳面,以利于增加接口处的温度。

(4)湿　度　嫁接口保持一定的湿度,有利于愈伤组织的产生。一般以相对湿度达到95%以上为好,但不能积水。因此,嫁接时必须使嫁接口在湿润的环境条件下生长,嫁接后接口必须密闭,不能透气,以防止水分的蒸发。

(5)光　照　嫁接后,愈伤组织在较暗的条件下,生长速度较快。因此,在夏季嫁接时,应尽量将接穗嫁接在苗木背阴处。

(6)操作技术　进行嫁接育苗,要求嫁接操作者应具有熟练的嫁接技术。在正确的嫁接操作条件下,嫁接的速度越快,成活率也越高。目前,在胶东地区进行夏季芽接,提倡采用贴芽接,春季枝接提倡采用单芽切腹接。这两种方法嫁接速度快,嫁接苗成活率高。

55. 如何提高苗木嫁接成活率?

据笔者在胶东地区多年生产实践表明,要使黄金梨的苗

木嫁接达到较高的成活率,就必须掌握以下几项关键技术:

(1)适时嫁接 嫁接成活的关键,首先是进行嫁接要适时。春季枝接或芽接,山东省的胶东地区一般在4月上旬进行。此时属梨树萌芽期,无论是苗木嫁接,还是大树高接,都应在此时进行。其他地区可以根据物候期来判断嫁接时期,一般在砧木或大树萌芽期进行嫁接成活率最高。夏季芽接一般自5月下旬开始,至7月下旬为止;秋季芽接一般自8月中下旬开始,至9月上旬为止。

(2)刀具锋利 无论是芽接,还是枝接,所使用的刀具必须锋利,以削接穗或砧木不"起毛"即削面不残留有纤维为原则。只要起毛,所切削的砧穗就接合不紧密,妨碍嫁接成活。

(3)形成层对齐 无论采用什么样的嫁接方法,砧穗接合时,都必须使两者的形成层对齐,起码要一侧对齐,最好两侧都对齐(贴芽接)。

(4)操作迅速 无论采用何种嫁接方法,都必须操作速度快。在正确技术操作的前提下,速度越快,成活率越高。嫁接操作速度慢,则砧穗切口氧化时间过长,会妨碍砧穗愈合,导致嫁接成活率低。

(5)包扎紧密 无论是芽接还是枝接,最好采取全包扎,即接穗和砧木切口全封闭包扎。夏季芽接,接穗采用长12厘米、宽2厘米、厚0.08毫米以上的塑料条包扎。春季枝接,接芽部位用厚0.06毫米的地膜单层包扎,其他部位可以多层包扎,成活后不需解绑,接芽可自行突破薄膜。嫁接后的包扎一定要不漏水,不透气。在嫁接后第二天,只要观察到包扎的薄膜内没有水珠,则说明包扎透气,该嫁接株就不会成活。

(6)适时解绑 夏季芽接成活后,要适时解绑平茬,以利于萌发。春季枝接成活后,则无需解绑,待到6月份将包扎薄膜用刀片划开即可。

56. 什么是贴芽接？怎样进行嫁接？

所谓的贴芽接，就是将接穗削成片状，贴合到砧木（也削下几乎同样大小的薄片）上的嫁接方法。该法是山东省胶东地区果农在长期实践中，发现的一种新的芽接方法。

贴芽接的应用范围很广，可以在苹果、梨、桃、杏、李、樱桃、板栗以及其他林木花卉上都可以应用。具体操作方法是：在砧木距地5～8厘米处选一光滑面，向下轻削一刀，长2.5～3.0厘米，深2～3毫米；用同样的方法取下接芽。接芽要比砧木的切口略小（贴合时露白，否则影响愈合速度），并把接芽贴在砧木上，尽可能使接芽与砧木的形成层一侧对齐，用塑料薄膜扎严扎紧，使之上下左右不透水、不漏气。春季一般20天左右，夏季一般12～13天，可解绑平茬。

贴芽接具有以下优点：一是嫁接速度快，一般的工人每天可嫁接1500～1800株，熟练的嫁接工人一天可嫁接2800～3000株。而传统的"丁"字形芽接，熟练工人一天最多可以嫁接800～1000株。二是嫁接成活率高，一般嫁接成活率在95%以上。而传统的"丁"字形芽接，最高成活率在95%左右。三是嫁接后愈合快，贴芽接可以比嵌芽接提早愈合2～3天，早解绑2～3天，早发芽3天左右。四是可以延长嫁接时间，嫁接时间从春分到秋分，在6个月的时间内都可以进行。而传统的"丁"字形芽接，只能在5月下旬至9月上旬，梨树树液流动期，韧皮部容易剥离的时间内进行，其他时间则无法进行。五是接穗利用率高，尤其在嫁接名、优、新品种时，在接穗紧张的情况下更显现出优势。一般情况下，接穗利用率可以达到90%以上。

57. 怎样进行嵌芽接？

嵌芽接，是一种春季及秋季均可以采用的芽接方法。自20世纪80年代起，在山东的莱州曾广泛地应用在苹果苗的繁育上，后逐渐在梨树、桃树、杏树、李和板栗等其他果树上广泛应用。

接穗可以采用两种枝条：一种是在夏季采取当年生新梢；另一种是上一年的冬季采取枝条，用保鲜膜包装后，放在气调库或低温冷风库中，夏季直接从冷风库中取出利用。嫁接时，从一年生接穗枝条上选好芽，从芽上方向下斜削一刀，长2.5～3厘米，厚约是接穗粗度的2/3，在芽下1～1.2厘米处斜削成舌片状。在砧木上距地面5～8厘米处，用嫁接刀向下轻削一刀，长3～3.5厘米，厚约是砧木粗度的2/5，在第一刀的下端再斜削一刀，取下盾片。将接穗的盾片嵌入砧木的切口中，使形成层一侧对齐，用塑料膜扎紧扎严，使之不透气，不透水。嫁接后一般15天左右解绑。

这种方法的优点是，嫁接后生长速度较快，可以进行嫁接的时期长，不受木质部与韧皮部是否可以剥离的限制。其缺点一是嫁接速度较贴芽接速度慢，一般一个工人每天可嫁接1 000～1 500株；二是接穗利用率较低，一般情况下仅达到85%左右。

58. 怎样进行单芽切腹接？

单芽切腹接，是目前山东省胶东地区春季嫁接主要采用的枝接方法之一。

具体操作方法是：先将砧木距地5～8厘米处平茬，在平茬处用果枝剪斜剪一个长2.5～3厘米的切口，将接穗留一个芽,并在两面削成长 2～3 厘米的斜面,并使有芽的一侧稍厚,无芽的一侧稍薄,然后将其插入切口。插入时,稍厚的一面向外,稍薄的一面向内,使砧木与接穗的形成层对齐,并迅速将接口包扎严密,使之不透水、不透气。

该嫁接法的优点:一是嫁接速度快,成活率高,一般一个工人一天可嫁接 1 200～1 500 株;二是操作方便,可以不用嫁接刀,仅仅需要一把刀刃较快的果枝剪就可以进行嫁接。

59. 怎样进行劈接?

劈接,也是枝接的一种方法,大多在春季进行。劈接在我国以前的梨树苗木繁育中应用较多,目前在西部地区仍然使用这种方法。在山东省的胶东地区,如今已经几乎不再使用了,大多采用单芽切腹接来代替。与切接不同的是,劈接的接穗削法为两个相近似的削面,要求一侧较厚,一侧较薄。将砧木从中间劈开,将接穗从中间插入,使厚的一侧向外,薄的一侧向内,砧穗形成层至少有一侧对齐,然后包扎严密即可。

60. 怎样进行切接?

切接,属于枝接法,是日本、韩国以及我国台湾等地春季嫁接的主要方法。目前在我国东部地区,已经基本不采用这种枝接方法了。

先将接穗削成长短两个削面。长削面长 2.5～3 厘米,短削面长约 1 厘米,接穗留芽 2～3 个。在砧木上,距地面 5～8 厘米处平茬,在木质部一侧向下直切,形成一个直切口,长 3～3.5 厘米,将接穗的长削面向内、短削面向外地插入切口,使形成层对齐。如两面不能对齐,一面对齐也可以。然后用塑料膜包扎好。

这种方法的优点是:嫁接后生长旺盛,苗木愈合良好。其缺点:一是嫁接速度太慢,一般一个嫁接工人一天只能嫁接800~1 000株;二是只可以在砧木较粗的情况下使用,若砧木较细则无法进行嫁接。

61. 如何管理黄金梨嫁接苗?

黄金梨嫁接苗的管理主要有以下几项:

(1)解除绑缚 夏季芽接的,在芽接后10~15天进行检查,成活株接芽鲜活,包扎时露有叶柄的,则叶柄一触即落,这样的植株应及时解绑。春季枝接的,应在6月上旬用小刀划破塑料膜,以免嫁接处形成缢伤,被风刮折。

(2)平茬除萌 解绑后,应及时平茬。在接芽以上0.5厘米处剪砧,剪口要平滑,并与嫁接芽反方向斜剪,以利愈合。平茬后,应及时抹除萌蘖,要反复进行3~4次。但是,要保护好老叶,直至砧木无萌蘖可发,以利于接芽的生长。在苗木较密的情况下,也可以在嫁接后的第二、第三天,在嫁接口以上的2~3厘米处进行平茬(但必须在嫁接15天以后,再进行解绑),以免由于苗木过密而造成光照不良,引起砧木基部的叶片早期脱落。

(3)肥水管理 嫁接平茬后,应及时浇水,并按每667平方米施氮磷钾三元复合肥50千克,尿素15千克。夏季嫁接的梨苗,自7月份开始采用叶面喷肥,用氨基酸微肥600倍液、光合微肥500倍液、磷酸二氢钾0.3%溶液和尿素0.2%溶液等,交替进行叶面喷布。

62. 苗木嫁接后,如何进行病虫害防治?

黄金梨苗嫁接成活后,要及时进行病虫害的防治。主要防控对象有梨黑星病、黑斑病和白粉病;梨木虱、螨类、蚜虫类、卷叶蛾类和潜叶蛾类等。

(1)病害的防治 对黑星病和黑斑病,可以用 3.0% 的多抗霉素水剂 600 倍液、70% 的甲基托布津 1 200～1 500 倍液交替喷布。

(2)虫害的防治 防治梨木虱和螨类,可以用 1.0% 的阿维菌素乳油 3 000～4 000 倍液,或 2.0% 的高黏阿维菌素乳油 6 000～8 000 倍液喷布。防治蚜虫类,可以用 10% 的吡虫啉可湿性粉剂 1 200～1 500 倍液喷布。防治卷叶蛾类,可以用 5.0% 的氯氰菊酯乳油 2 000 倍液,或 40.7% 的毒死蜱乳油 2 000 倍液喷布。防治潜叶蛾类,可以用 25% 的灭幼脲 3 号悬浮剂 1 500 倍液喷布。

63. 怎样进行矮化自根砧木苗的培育?

目前,世界各国研究出的梨树矮化砧木系列,是从大量的野生种类(榅桲)或杂交组合中选出来的。如果用种子繁殖,后代会出现很复杂的变异,其优良性状难以遗传给后代。所以,对这些矮化砧木系列,必须采取无性繁殖的方法进行繁殖。目前,除用茎尖培养外,还可以采用扦插繁殖。扦插繁殖自根砧木苗的方法如下:

(1)土壤准备 选择土壤肥沃疏松、透气性良好的地块,按每 667 平方米施 150～200 千克三元复合肥和 4 000～5 000 千克的优质土粪的施用量,施足基肥,并深翻 20～30 厘米以后,做成宽度为 120 厘米的小畦,长度可根据地块的大小来决定。小畦做成后,覆盖黑地膜提温。

(2)插条准备 春季气温回升,土壤温度稳定在 10℃ 以上时,将插条剪成 15 厘米左右的条段,上剪口距离顶芽 0.8 厘米左右,用石蜡封好顶端剪口,下剪口成马耳形。插条下端用IBA(吲哚丁酸)的100~400毫克/升溶液,浸泡12~24小时。

(3)进行扦插 将砧木插条按照株距20~25厘米的标准,与地面成45°角,斜插入土中,使顶端一个芽露出地面,插后立即灌水。

64. 怎样进行矮化中间砧苗的培育?

培育矮化中间砧苗,主要有以下三种方法:

(1)二次芽接法 选用适应当地生态环境条件的野生砧木种子,播种和培育实生砧木苗,8~9月份在砧木苗距地面5~8厘米处,用芽接法嫁接矮化砧。翌年春季,解除绑缚并剪去基砧,让矮化砧萌发。8~9月份,再在矮化砧20~25厘米高处嫁接栽培品种。第三年春季,在栽培品种的上方剪去矮化砧,秋季可以出圃合格的矮化中间砧苗。

(2)分段芽接法 在砧木种子播种的当年8~9月份,在矮化砧母树的新梢上,按30~35厘米的距离嫁接栽培品种。第二年的春季,将带有栽培品种接芽的矮化砧一年生枝,用枝接的方法,如劈接、切接、切腹接等嫁接在基砧上,秋季即可以出圃合格的矮化中间砧苗。

(3)双芽靠接法 春季播种野生的砧木种子,当年的8~9月份在基砧距地面5厘米的地方嫁接矮化中间砧,再在另一侧高出3厘米左右的地方,嫁接栽培品种。第二年的春季,解除绑缚并剪砧,让两个接芽同时萌发。当矮化中间砧生长至30厘米左右时,在中间砧20~25厘米处,用靠接的方法把栽培品种和矮化中间砧嫁接在一起,15~20天以后,在接口的上方剪除矮化中间砧新梢,在接口的下方剪除栽培品种新梢,这样,在秋季就可以出圃合格的矮化中间砧苗。

65. 如何进行黄金梨的脱毒处理？

黄金梨的脱毒处理,有以下三种方法:

(1)热处理脱毒法 热处理脱毒的基本原理是,在稍高于正常温度的条件下,使植物组织中的病毒被部分地或完全地钝化,而较少伤害甚至不伤害植物组织,实现脱除病毒。热处理可以采取热水浸泡或湿热空气处理的方式。热水浸泡对休眠芽处理效果好,湿热空气处理对活跃生长的茎尖处理效果较好,而且容易进行。热处理既可以杀灭病毒,又可以使寄主植物有较高的存活机会。热处理的温度和时间,随着植物病毒种类的不同而差别较大。一般热处理温度在37℃~50℃之间,可以恒温处理,也可以变温处理。热处理时间由几分钟到数月不等。

(2)茎尖培养脱毒法 病毒在植物体内是靠筛管组织进行转移,或通过胞间连丝传给其他细胞的。因此,病毒在植物体内的传播也受到一定的限制,使植物体内部分细胞组织不带病毒。同时,植物分生组织的细胞生长速度,又快于体内病毒的繁殖转移速度。因此,根据这一原理,利用茎尖培养可以获得无病毒种苗。用茎尖培养脱毒苗时,切取茎尖的大小很关键,一般切取0.10~0.15毫米长带有1~2个叶原基的茎尖,作为繁殖材料较为理想,超过0.5毫米长时,脱毒效果差。

(3)茎尖培养与热处理相结合脱毒法 为了提高茎尖培养法的脱毒效果,可以先进行热处理,再进行茎尖培养脱毒。通过茎尖培养法培养出无根苗后,放入37℃±1℃温度条件下,处理28天,再切0.5毫米左右的茎尖进行培养;或者先进行热处理后,切取0.5毫米长的茎尖进行培养,然后进行病毒鉴定。

采用上述三种方法进行脱毒处理后的苗木,均应进行病毒鉴定。

66. 怎样进行黄金梨苗的分级？

黄金梨实生砧嫁接苗中的一级苗,一般应具备以下标准:

(1)纯 度 品种纯正,纯度达到 95% 以上。

(2)砧 木 砧木准确,适应当地生态环境条件。与黄金梨亲和力强,嫁接口愈合完好,无"大脚"、"小脚"现象。

(3)高度与粗度 苗木高度(自根颈处到苗木顶端)应达到 120 厘米以上;嫁接口以上 10 厘米处的粗度应达到 1.2 厘米以上。

(4)根 系 具备 5 条以上的侧根,侧根的粗度一般应不低于 0.4 厘米,并有一定数量的须根。

(5)病虫害 无检疫对象和常见病虫害。

(6)伤 口 起运苗木时,无大的伤口;旧损伤总面积 ≤1.0平方厘米。

黄金梨实生砧嫁接苗的具体质量标准,可以参照梨实生砧嫁接苗的质量标准(表 8)。

表 8 梨实生砧嫁接苗质量标准

项 目		规 格		
		一 级	二 级	三 级
品种与砧木		纯度≥95%		
根 系	主根长度(cm)	≥25.0		
	主根粗度(cm)	≥1.2	≥1.0	≥0.8
	侧根长度(cm)	≥15.0		
	侧根粗度(cm)	≥0.4	≥0.3	≥0.2
	侧根数量(条)	≥5	≥4	≥3
	侧根分布	均匀、舒展而不卷曲		

项　目	规　格		
	一　级	二　级	三　级
基砧段长度(cm)	≤8		
苗木高度(cm)	≥120	≥100	≥80
苗木粗度(cm)	≥1.2	≥1.0	≥0.8
倾斜度	≤15°		
根皮与茎皮	无干缩皱皮、无新损伤;旧损伤总面积≤1.0cm²		
饱满芽数(个)	≥8	≥6	≥6
接口愈合程度	愈合良好		
砧桩处理与愈合程度	砧桩剪除,剪口环状愈合或完全愈合		

67. 怎样进行黄金梨苗的假植?

初冬黄金梨苗出圃后,如不外运和种植,则需及时进行假植。

(1)捆　扎　若所需假植的苗木为一年生黄金梨苗,则可按 50 株一捆;若是苗木为较大的二年生苗,则需按 25 株一捆,捆扎好并贴好标签,待贮。

(2)假　植　选择背风向阳、地势干燥的地块,挖一个深为 70 厘米、宽为 150 厘米的沟。贮存时,先在底部垫一层细沙土,厚 15～20 厘米,再把苗木依次排好,排一层苗垫一层沙土,并不断摇动苗木,使细沙土渗入底部根系中,覆盖细沙土的厚度为 50～60 厘米。若沙土较干燥,则应及时喷水,喷到沙土手握成团不滴水,手松即散的程度为好,以防止苗木脱水。但是,不可以向贮存窖内灌水,以防止春季气温回升时造成苗木烂根。

(3)检　查　在黄金梨苗木的贮藏过程中,应不断检查贮藏苗木的情况,防止因为干燥而引起失水现象的发生。

68. 什么是根癌病? 如何防止苗木发生根癌病?

根癌病,又称为根瘤病。主要危害苹果、梨、葡萄、桃、李、樱桃和板栗等93科、643种植物,不同菌株的寄主范围不一。根癌病大多发生在表土层以下的根颈部,以及主根与侧根连接处,或砧木与接穗愈合的地方。癌肿先从根部皮孔突起,在病原细菌的刺激下,细胞迅速分裂而形成癌肿,瘤体椭圆形或不规则形,大小不一,直径为 0.5～8 厘米,幼嫩瘤淡褐色,表面粗糙不平,为柔软海绵状。继续扩展后,瘤体表面细胞死亡,颜色逐渐加深,呈深褐色,内部组织木质化,形成较坚硬的瘤体。患病苗木,地上症状不明显,随着病情的加重,根系发育受阻,须根减少,长势衰弱,病株矮小,叶片黄化,提早落叶。这种苗木无法定植,造成苗木生产者的经济损失。

(1)病　原　根癌病的病原为 *Agrobacterium tumefaciens* (E. F. Smith & Townsend) Conn. ,称为根癌土壤杆菌,属土壤野杆菌属细菌。有三个生物型,Ⅰ型及Ⅱ型,主要侵染苹果、梨和桃等蔷薇科植物;Ⅲ型危害葡萄等植物。菌体适宜生长温度为 22℃～34℃,最低 10℃,最适宜的土壤 pH 值为 5.7～9.2。

(2)发病条件

①与播种土壤带菌有关　据在山东省莱西地区多年观察发现,育苗地以前种植过花生、马铃薯、牛蒡、大白菜、胡萝卜和萝卜的地块,翌年再行育梨等苗木,根癌病发病重。另一种

情况是,上一年育过易患根癌病的苗木(如桃等),而这一茬接着育梨苗,根癌病的发病特别严重。

②与外界环境条件有关 据多年观察,田间温度在18℃~26℃,降雨多,田间湿度大,病情严重;地势高燥、土壤通透性好的发病轻;地势低洼,土壤黏重、碱性较大的地块,苗木根癌病发病格外严重。雨水及灌溉水是传播的主要媒介。

③与苗木人为创伤有关 2002年春季,笔者在同一地块上进行试验。该地块上茬育的是桃苗。其中一部分为移栽的一年生梨实生苗;另一部分是移栽的三叶一心的小幼苗,6月上旬进行嫁接。秋后起苗时发现,移栽一年生梨实生苗的,苗木根癌病的发病率为15.6%;而移栽三叶一心的小幼苗,苗木根癌病的发病率为0.2%。由此可见,伤根有加剧苗木根癌病发生概率的趋势。另外,修剪、嫁接、扦插、虫害、冻害或其他人为伤害等,都可以导致病菌的侵入。

④与种子带菌有关 播种前,砧木种子带菌。用于播种的种子未消毒而直接播种的,发病严重;消毒后再行播种的发病轻。

⑤与田间管理水平有关 据笔者观察发现,梨的苗木在生长过程中,同一地块同一树种,实生苗发病轻,而嫁接后的苗木发病重;嫁接后加强肥水管理的发病轻,肥水管理跟不上的发病重。

(3)防治技术

①合理使用苗圃地 尽量在生茬地育苗,不在上茬苗木为蔷薇科或易患根癌病的农作物的地块进行育苗,避免连作;选地势高燥、排水良好、土壤疏松和土壤酸碱度呈微酸性的地块,进行育苗。育苗前,要尽量进行土壤消毒,消毒剂可以用土壤杆菌K84等。

②采用药物浸种　播种前2～3天,用甲壳丰500～600倍液浸种,可以有效地控制梨、苹果和桃等果树的砧木产生根癌。播种前,施812毒土,有效地杀死地老虎和蝼蛄等地下害虫,减少虫伤。需要移栽的1年生、2年生砧木或其他苗木,可以用2.0%的402或1.0%的硫酸铜溶液浸泡根部10分钟,用清水冲净再行栽植。

③科学进行肥水管理　浇水不要大水漫灌,尽量采用微喷技术。降大雨后,要在最短的时间内将水排完。在施肥方面,尽量较多地施用有机肥,并合理地加入微量元素肥料,以及其他生物菌肥。移栽苗木前,喷洒适量的免深耕药液,也有较好的效果。

④采用药物治疗　苗木生长期间,要不断进行检查,尤其是苗木嫁接后,如发现有根癌病的初期症状,就要及时进行药物治疗。采用10%的杀菌优水剂600～800倍液灌根,效果较好。

四、建　园

69. 如何选择黄金梨园的园址？

梨是多年生果树,梨园的建立要有长远的规划,应面向现代化、科学化、规范化。经过周密的调查研究,提出全面的果园设计。每一个品种的栽培都要有一定的适宜区。所以,一定要根据当地的实际情况来规划品种,并尽量实现机械化、优质化、商品化和无公害化,达到早结果、优质、高产、低成本和高效益的生产目的。

选择黄金梨园园址,要符合黄金梨的生长发育规律,一般应考虑以下因素:

(1)坡　向　虽然黄金梨的花较耐霜冻,但在建园时,仍要考虑坡向的问题。在丘陵山地建园,必须选择背风向阳处,即南坡或东坡;不要在西坡或北坡建园,以免发生晚霜危害。在平地建园,最好靠近河流、湖泊与水库等有水源的地方,以减轻霜冻的影响。

(2)土　质　虽然黄金梨适应多种土壤,但最好选择有机质含量较高的砂壤土地块。由于黄金梨喜微酸性土壤,故土壤的 pH 值以 6～7 较为适宜。

(3)风　力　园址要选在风力较小的地块。风力太大,不仅影响黄金梨的开花和坐果,而且会导致黄金梨幼果在套小袋前易出现果面划伤,影响果实成熟后的商品价值。

(4)水　源　黄金梨属砂梨,需水量较大。因此,黄金梨的园址应选择离水源较近的地块,防止建园后,由于水资源的短缺，而增加管理成本。

70. 如何进行黄金梨园的土地规划？

黄金梨园的土地规划，应保证生产用地优先的地位，并使各项服务于生产的用地，并保持协调的比例。一般各类用地的比例为：梨树栽培面积为80%～85%，防护林栽培面积为5%～10%，道路占地面积为4%，绿肥基地面积为3%，生产生活用房屋、苗圃、蓄水池和粪池等共占地4%左右。

(1) 作业区的规划 一般情况下，作业区的规划应满足下列要求：同一小区内气候及土壤条件应当基本一致，以保证同一小区内的管理技术内容和效果的一致性。在山地和丘陵地，有利于防止梨园水土流失，发挥水土保持工程防侵蚀的作用，防止梨园风害，有利于梨园的运输和机械化作业，有利于给水、排水。

(2) 园内道路的规划 好的道路系统是梨园的重要设施，现代化梨园的标志。道路应与小区、防护林和排灌系统等统筹规划。大、中型梨园的道路系统，由主路、支路和小路组成。主路应位置适中，贯穿全园，路面宽度应在6～8米。山地梨园的主路，应环山而行或成"之"字形，纵向路面的坡度不宜太大。支路常设置在大区之间，与主路垂直，宽4～6米，以并行两台动力机械为度。小型梨园，为了减少非生产用地，可以不设主路与小路，只设支路即可。平地或沙地梨园，为减少道路两侧防护林对梨树遮荫，可将道路设在防护林的北侧。主路与支路两侧，应按排水系统设计，修筑排水沟，并于梨树行端保留8～10米宽的机械、车辆回转地带。

(3) 绿肥与饲料基地规划 为了实现以园养园的方针，实行果畜结合，综合经营，建立绿肥作物与饲料作物基地，开辟梨园稳定的有机肥源是必要的。实际上,果、畜两业常常结合一起,按照种草→养畜→肥料→梨园→种草的生产链条进行运行,收到了良好的效果。这一有效的能量和物质的转换链,提高了梨园的生态效益与经济效益,是值得提倡的优化模式。

71. 黄金梨园的防护林有什么作用?
如何选择防护林的树种?

(1)防护林的作用

①**降低风速,减少风害** 黄金梨园设立防护林后,在一定的条件下可以减小风力,使大风转为微风,秋季可以避免大风造成大量落果。

②**调节梨园的温度和湿度** 梨园防护林对改善梨园的小气候环境、调节温度和湿度,都有明显的作用。在春季可以减轻晚霜对梨树的伤害,夏季可以使梨树避开高温对梨树的不利影响,秋、冬季可以提高梨园内的温度,有利于梨树的生长发育。

③**保持水土,防止风蚀** 山地及丘陵梨园营造防护林,可以涵养水源,保持水土,防止冲刷。防护林落叶后分解腐烂,既可以增加梨园有机质含量,又可以保护地面,防止雨水冲刷和地表径流的侵蚀。

④**有利于园内蜂虫活动** 蜜蜂活动受风力的影响很大。赵锡如在 1981 年观察发现,当春季风速小于 0.5 米/秒时,蜜蜂出现数量多,飞翔的距离远;风速达到 1.5 米/秒时,蜜蜂出现的数量少,飞翔的距离近;当风速达到 3.4 米/秒时,基本无蜜蜂出现。

(2)防护林树种的选择 营造防护林的适宜树种如下:

①**乔木树种** 有速生杨系列品种(107,108,109,110,

2025,2050,2001,46,69,三倍体毛白杨、84K、美荷杨、鲁青杨、抗虫杨等）、旱柳、泡桐、山定子、合欢、板栗、白蜡和臭椿等，可供选择。

②小乔木或灌木树种　有刺槐、紫穗槐、荆条、酸枣、花椒、枸杞、女贞和枳等，可供选择。

72. 如何进行黄金梨园的水土保持？

在山地及丘陵地建立黄金梨园，由于原有的植被受到破坏，土壤因种植梨树而松散，加之耕作不合理，地表径流对土壤的侵蚀和冲刷而引起的水土流失将不可避免。尤其在大雨季节，降水过量形成的地表径流，冲走泥土和有机质，使梨园的土层变薄，土粒减少，含石量增加，土壤肥力下降，导致梨树生长势减弱，产量降低，寿命缩短。因此，做好黄金梨园的水土保持工作，是决定山地和丘陵地建园成败的关键。

(1)修筑梯田　修筑梯田是山地梨园防止水土流失的重要措施。改长坡为短坡，改陡坡为缓坡，改直流为横流，从而降低地表径流量和流速。

(2)植被覆盖　在山地和丘陵地梨园修筑了梯田以及其他保持水土措施，其阶面和梯壁仍然可能受到降水的冲击和地表径流的侵蚀，导致土壤冲刷和水土流失。因此，在进行梨园水土保持规划时，全园的植被都应该进行全面规划，合理布局。山地和丘陵梨园的顶部要配置森林。这样，可以防止风害，涵养水源，保证顶部土壤不受冲刷。

73. 如何科学确定黄金梨的栽植密度？

目前，在生产中，黄金梨的栽植密度，主要有以下三种模式，各种模式的特点及相应的栽植密度如下：

(1)日本架模式 这种模式是平顶架。前期的株行距为(1～1.2)米×(4～5)米,后期的株行距改为 4 米×(4～5)米或 5 米×5 米。一般在定植 5～6 年后再进行间伐。

(2)韩国架模式 这种模式为拱棚架。前期株行距为(0.5～0.7)米×(5～6)米。后期株行距改为(1～1.5)米×(5～6)米。一般在定植 4～5 年后再进行间伐。

(3)非网架模式 这是近几年在山东胶东地区新兴的黄金梨栽培模式,也就是主干疏层形黄金梨树密植栽培模式。在沙地及丘陵地,一般栽植的株行距为(0.5～1.0)米×(3～4)米。平原肥沃地块所采用的株行距为(1～1.5)米×(4～5)米。前期可以密植,待 5～6 年以后进行间伐,株行距改为 4 米×5 米。据试验,每 667 平方米的产量要达到 5 000 千克以上,所要求的密度和年份分别是,栽 222 株以上,需 4～5 年;栽 166 株,需 5～6 年;栽 55～83 株,需 6～7 年;栽 22～33 株,需 8～12 年。

74. 怎样配置黄金梨园的授粉树?

在果园中,授粉树与主栽品种的距离,必须依据传粉的媒介而定。以蜜蜂传粉的品种,应根据蜜蜂的活动习性而定。据观测,蜜蜂传粉的品种与主栽品种间的最佳距离,以不超过 50～60 米为宜。授粉品种栽植的数量不宜过多,一般主栽品种每隔 3～4 行配置 1 行授粉品种。在目前的黄金梨生产中,一般以 4～5 行树配置 1 行授粉品种,授粉树约占定植树总数的 20%。

据韩国研究,不同品种的授粉树,授粉效果也不尽相同(表 9)。如黄金梨用甜梨、长十郎、今村秋和晚三吉等授粉效果较好,坐果率可以达到 75% 以上;华山梨用秋黄和长十郎授粉,其坐果率可以达到 70％以上;而秋黄梨用长十郎和甜梨授粉,效果也较好,坐果率可以达到 75％以上。与其他品种树的授粉效果,还有待于进一步试验探讨。

经过多年的有关试验表明,我国目前确定黄金梨适宜的授粉品种有绿宝石、秋黄、圆黄、黄冠、丰水和晚秀等。甜梨、长十郎、今村秋和晚三吉等虽然对黄金梨授粉效果较好,但由于品种老化,不宜再用作黄金梨的授粉树。

表 9　黄金梨等主栽品种的授粉坐果率

(据韩国有关资料,%)

主栽品种	授　粉　品　种									
	长十郎	甜梨	今村秋	晚三吉	廿世纪	新水	幸水	丰水	秋黄	华山
黄金	76.8	86.3	75.0	80.7	67.7	62.7	33.2	41.9	57.8	1.8
秋黄	88.1	75.1	42.9	59.8	50.8	53.8	52.2	66.8	3.2	1.8
华山	76.3	13.8	62.2	44.2	62.8	67.1	65.2	45.3	74.8	3.9

75. 如何选用壮苗建园?

建园所选用的黄金梨壮苗,必须符合以下条件:

(1)砧　木　砧木必须适宜当地的生态环境条件,砧木与接穗品种具有良好的亲和力,嫁接后无"大脚"、"小脚"现象。

(2)苗　干　苗木直立而健壮,干高应在100～120厘米及以上,嫁接口直径应在 0.8～1.0 厘米,苗干成熟度好,侧芽发育饱满,起运苗木无明显损伤。

(3)根　系　根系发达,有 3～4 条长度达到 15～20 厘米的侧根,根系直径应在 0.4 厘米以上,并且有较多的须根。

(4)其　他　建园用的苗木必须无根瘤病及其他病虫害,无大的伤口。

76. 定植黄金梨苗木时，要
注意什么问题？

(1)定植时期

①**春季定植**　山东的胶东地区，一般在 3 月上中旬定植黄金梨苗木，其他地区应在春季土壤解冻后进行。春季定植有一个缺点，就是缓苗期长，发芽晚。

②**秋季定植**　山东的胶东地区，大多在 11 月上中旬至12 月上旬定植黄金梨苗木，其他地区应在落叶后开始，土壤封冻前结束。这个时期栽植黄金梨苗木的优点是，当年即可生根，第二年缓苗期短，发芽早，生长旺。

(2)定植技术　在山地、沙滩地应挖定植穴。一般情况下，定植穴的长、宽和深度，各为 80～100 厘米。平原肥沃地块不需挖定植穴，只需将地按定植行距整成一定宽度(一般为1.0～1.2 米)的畦子，在畦子中央拉好线，再按一定的株距用铁锨挖一小穴即可，一般只需挖 2～3 铁锨。栽好后放水浇透。这就是近几年新兴起的"浅栽树"方法。

(3)栽后管理

①**定干，并给树干套薄膜袋**　定植后应及时定干。若采用主干疏层形树形，可在 60～70 厘米处定干；若采用纺锤形树形，可在 80～100 厘米处定干；若采用日本架式，可在100～120 厘米处定干；若采用韩国架式，可在 70～80 厘米处定干。定干后，应在合理的位置选留 3～4 个芽进行刻芽，并及时绑缚，以免被风吹折。病虫危害较重的地块，应在定干后及时套上塑料袋，以防止金龟子、拟地甲等害虫危害定干后保留的芽子。

②**追肥灌水，并进行树盘地面覆盖**　定植当年，对幼树要

在5月上旬追施一遍速效性肥料,每667平方米可施用尿素或磷酸二铵25～50千克,追肥后立即浇水,并划锄覆膜。7月底至8月上旬,用带尖的木棍,在距树干30～40厘米的地方,打3～4个深达10厘米的洞,每个洞内施氮磷钾三元复合肥0.1～0.15千克,施肥后用泥土把洞口封住,并灌水。

③**不断抹芽** 4月下旬梨树发芽后,及时将多余的芽抹除;6～9月份,每隔20天左右,检查一下芽的萌发情况,抹除多余的芽。并检查新梢的生长情况,在保证枝叶量的情况下,对多余的新梢要及时疏除。

④**防治病虫害** 对梨木虱、介壳虫、潜叶蛾、蚜虫和螨类要及时防治。防治病害,尤其要注意对梨黑星病、黑斑病、白粉病和褐斑病的防治。可以选用的药物有甲基托布津、杀菌优和多菌灵等。

五、土肥水管理

77. 沙土地黄金梨园为什么会漏肥漏水？怎样提高沙土园地的保肥蓄水能力？

土壤结构差和土壤有机质含量较低，是沙土地漏肥漏水的主要原因。据在山东省烟台市测定，粗沙土容重为 1.61～1.83，孔隙率达到 32.2%～40.7%；细沙土容重为 1.59～1.81，孔隙率达到 31.7%～40.3%。在粗沙土上，土壤水饱和后 0.5 小时的渗透量达到每平方厘米 20.6 毫升；施用硫酸铵后的 10 天内，氮的流失量占总施用量的 37.76%，施用 30 天内几乎全部流失。因此，提高沙土蓄水保肥能力，就成为沙土改良的最主要的目的。

目前，改良沙土仍然采用增施有机肥和压土两种方法。

(1) 增施有机肥 每年在秋季果实采收后，按每 667 平方米施优质土粪 4 000～5 000 千克，或发酵鸡粪 2 000～3 000 千克，或商品颗粒有机肥 150～200 千克。有条件的梨园应实行生草制，以增加土壤有机质含量，使之达到 2%～3%。

(2) 压 土 从园外运来黏土压在沙土的表面，并深翻，使沙土与黏土充分混合。一般每年一次。如果是平原沙地，下层存有黏土，可从地下把黏土翻上来。

78. 沙土地黄金梨园地下水位过高有哪些害处？如何降低地下水位？

沙土地黄金梨园的地下水位过高，对黄金梨的生长发育影响是多方面的。其不利方面的影响如下：

(1) **影响根系发育**　地下水位过高,限制了根系的垂直分布,根系生长发育受到妨碍。地下水位高,根系密度低,适应性差,对环境条件和栽培措施反应敏感,幼树期生长过旺,进入结果期后树势衰弱快,产量低,品质也较差。

(2) **产生毒害根系的物质**　过高的地下水位,容易在渍水面附近形成有毒的还原性物质,常易毒害根系,并使某些树体必须的矿物质变成不溶状态,引起缺素症的发生。

(3) **树体病害严重**　地下水位过高能加重根系、枝干、叶片和果实病害的发生。

要降低黄金梨园的地下水位,就必须搞好梨园的排水设施。要修建好排水沟、排水支沟和排水干沟等设施。排水沟挖在栽植小区内,主要是将小区内的积水,排放到排水支沟内。排水沟的宽窄、深浅、数量和间距,要根据地下水位的高低和历年的降水量来确定。排水支沟挖在栽植小区的边缘,沟通排水沟和排水干沟。排水支沟的大小,要根据小区面积和排水数量来确定。小区面积大、排水数量多的,沟深和沟宽要适当加大;反之,则要小。一般来讲,排水支沟要深于排水沟,以利于排水通畅。排水干沟要与自然沟河相连,汇集排水支沟内的积水,排至园外。

79. 为什么要对丘陵山地黄金梨 园压土？怎样进行？

山地梨园土层薄,除了深翻扩穴、增施有机肥进行改良外,逐年压土也是培肥土壤的有效措施。山区果农俗语说:"土如珍珠水如油,蓄水囤土保丰收"。每年对梨园进行压土,可显著提高梨园的肥力。

压土大多在冬季进行。冬季压土,既便于安排劳力,又有风化时间长、土壤沉实好的优点。压土的种类,因梨园土壤种类和性质而不同。比较黏重的土壤宜压沙,每次每 667 平方米用 2 万～2.5 万千克。山岭薄地,可压黑酥石、含磷风化石、半风化酥石,以及荒地自然表土和草炭土等。压土厚度,一般不超过 15 厘米。一次压土过厚,会影响根系呼吸,引起烂根,削弱树势,严重时还会造成整株死亡。一次压土的持续效果,一般情况下可维持 3 年左右。

80. 清耕制黄金梨园有何缺点?

所谓的清耕制,就是果园内不种植或覆盖任何作物,常年进行中耕锄草,保持表土疏松无杂草。据多年的实践证明,清耕制黄金梨园主要存在以下缺点:

(1)破坏土壤结构 中耕后,在表层下形成致密而不透水的硬层,阻碍水向下层渗透。中耕还会破坏土壤团粒结构,使黄金梨园内的土壤物理性质恶化。长此以往,降低了梨园的蓄水保肥能力,从而使梨园既不耐涝,也不耐旱。

(2)妨碍生长与结果 中耕切断了梨树表层根系,尤其是地面下 10～20 厘米土层的吸收根,对梨树生长发育、花芽分化和果实增大极为不利。

(3)园内养分流失 中耕会促进土壤有机物的分解,使有效态氮迅速减少,梨园肥力下降。进入雨季后,遇到暴雨时,清耕制梨园由于缺乏地面覆盖,加之中耕后土壤疏松,因而容易造成土壤养分的流失。

(4)有机质含量降低 清耕后,地面生长的有机物全部被清除,减少了黄金梨园内土壤有机质的含量,梨园所需的有机质需要从园外大量补充,因而增加了黄金梨园的管理成本。

81. 对黄金梨园进行
生草法管理有何优点?

在黄金梨树行间种植豆科牧草,常年有草覆盖地面。待草长到一定高度时,留茬 10 厘米左右刈割,将割下的草覆盖于树盘中,这种管理方法称为生草法。生草主要有以下优点:

(1)增加有机质 生草后,可明显增加土壤中有机质的含量。据辽宁省果树研究所试验,连续 3 年种植草木樨,根际土壤的有机质含量增加 0.37%,全氮增加 0.08%,全磷增加 0.05%,容重减少 0.12 克,孔隙率增加 4.55%,含水量增加 1.91%。

(2)增温保湿 生草后,待草长至 10 厘米左右时进行刈割,将割下的草覆于树盘,可以明显提高树盘内土壤的温度,并增加土壤抗干旱能力,减少灌水次数。山东胶东地区的清耕制黄金梨园,一般每年灌水 8 次左右,而生草制梨园在同样的降水年份,只需灌水 4～5 次,即可达到优质高效的栽培目的。

(3)减少喷药 生草以后,由于改善了天敌的生存空间,使天敌大量繁殖,可以明显减少喷药次数,使生产的黄金梨达到无公害、绿色果实的标准。

(4)减小劳动强度 生草后,由于树盘内有刈割的草覆盖,抑制了杂草的萌发,减少了梨园的锄草和喷洒除草剂的劳动强度,节省了劳力和开支,相对提高了梨园的经济效益。

(5)减少果实损失 由于树盘覆盖刈割后的草,当果实临近成熟时,由于风或其他自然因素导致的落果,不至于由于地面坚硬因素而损坏果实,减少了果实的破损率。

82. 怎样进行黄金梨园生草栽培？

山东自 20 世纪 80 年代末期，从新西兰引进的黑麦草，经过 5 年的连续试验，该草在山东以南地区可以安全越冬。其种植技术简单，适应性强，较耐干旱；覆盖性较好，能抑制其他杂草的生长。种植 2～3 年后，梨园土壤有机质增加明显。因此，可将它作为梨园生草的优良草种。

适用的草种有多年生黑麦草、三叶草、苕子、小冠花、百脉根、苜蓿、结缕草、草木樨和红豆草等，具体播种量见表 10。

进行播种时，要离开树盘 120～150 厘米修筑生草畦，畦面的大小要根据行距的大小来确定。先将生草的畦内厚度为 1.0～1.5 厘米的表土取出，放在一边。然后灌水，待水完全渗透后，再将草种撒播于畦面，覆上原来取出的表土。有条件的梨园，应在覆盖表土后，再覆厚度为 0.5 厘米左右的稻草帘并喷水，以保持土壤的墒情，有利于牧草发芽整齐。牧草发芽后，要及时拔除其他非牧草性杂草，并灌水和施肥。

表 10　牧草种类及播种量　（kg/667m²）

| 草　　种 | 豆　科 | 禾本科 | | | | |
	白三叶	猫尾草	多年生黑麦草	六月禾	蓝　草	小康草
播种量	0.67	1.0	1.0	1.0	1.0	1.33

83. 黄金梨园地面覆盖有几种方法？怎样进行地面覆盖？

黄金梨园地面覆盖有地膜覆盖和地面覆草两种方法。

(1)地膜覆盖　在水资源不丰富的黄金梨种植地区，可以采取该种方法。春季施肥灌水后，可喷除草剂，如乙草胺和施田补等,然后覆盖地膜。施田补是近几年进口的一种除草剂,施用后可以起到封闭地面的作用。喷施除草剂药液时,注意不要喷在树干上,以免影响树体发育。也可不喷除草剂,直接覆盖黑地膜。覆盖地膜后 0~20 厘米深处的地温可比清耕区提高 2℃~4℃,有利于根系提前生长。覆膜土壤的含水量也比清耕区提高 2%左右。由于覆盖地膜并不能提供有机质和水分,所以,应在合理施肥、灌水的基础上,再覆盖地膜。

(2)地面覆草 直接覆草,我国自 20 世纪 80 年代末期开始大力推广,尤其在干旱地区。其材料可因地制宜,可用麦秸、稻草、玉米秸、花生壳、豆秸、杂草和树叶等。

覆盖前要平整土地。为加速杂草腐烂,可在地面上先施用 0.2~0.5 千克/株碳酸氢铵,再覆盖杂草。覆草厚度为 15~20 厘米,时间以在 5~6 月份为佳。全园覆草,应在树行中留出 50 厘米的作业道,以便于灌水、喷药或进行其他管理活动。初次覆草时,每 667 平方米用草 1 500~1 750 千克。以后每年补充腐烂掉的一部分,6 年平均每年用草 750~1 000 千克。也可以在秋后进行翻压,翌年再覆。

覆草应注意以下几个问题:

第一,覆盖用草应尽量细碎,以便使覆草争取在较短的时间内腐烂和生效。

第二,覆草后,金纹细蛾、旋纹潜叶蛾等潜叶蛾类害虫的发生量上升较快,因此,应加强对潜叶蛾类害虫的防治。实际生产中,可以在潜叶蛾类害虫发生期喷布灭幼脲 3 号悬浮剂 1 000~1 500 倍液,全年共喷布 2~3 次,以控制其危害。

第三,覆草后,树盘春季地温上升较慢,应注意采取提高地温的一系列措施,如在覆草后,再覆盖塑料地膜等。

第四,覆草后,在平原低洼或土壤黏重的地块,黄金梨易发生黄叶病。早春由于地温上升快,梨树易受到晚霜危害,所以,应加强对晚霜的预防。

第五,在排水较为困难的地块,应尽量减少覆草面积或不覆草。

第六,覆草后,应注意秋、冬季的防火工作。可以在秋、冬季进行土壤翻压,翌年春季再进行覆草。

84. 如何进行黄金梨幼龄园的间作?

黄金梨幼龄园的闲置面积大,进行间作可以有效地利用树行间的地面,增加经济收入,弥补因黄金梨树未结果而造成的经济损失。黄金梨幼龄园的间作,可按以下方法进行:

(1)间作草莓 如果间作草莓,可以进行一季密植栽培,即夏、秋季栽培。栽培时,株行距为 30 厘米×50 厘米,每 667 平方米栽 3 000 株以上。草莓品种可以选用鬼怒甘、丰香、静香和女峰等。

(2)间作蔬菜 在树行内,还可以种植马铃薯、生姜和大蒜等蔬菜作物。在幼树期间,还可以种植菠菜、萝卜、胡萝卜和矮秆芸豆等蔬菜。

(3)间作绿肥作物 在黄金梨园,也可以种植豆科绿肥作物,如白三叶、红三叶、苜蓿和绿豆等。但是,在间作时,要留出足够的树盘面积,树盘内不可以间作绿肥作物。

(4)间作花生 在树行内,可以间作花生。在花生生长期,要注意控制其生长高度。可以通过喷布 300 倍的多效唑(PP_{333})液,抑制花生旺盛生长。

85. 黄金梨园施肥应遵循什么原则?

中国工程院院士、山东农业大学束怀瑞教授认为,从果树

的营养角度来探讨施肥技术,应遵循以下几个原则:

第一,应注意到土壤中果树所需矿物质元素的含量,与植株体内含量的情况,并尽可能地求得二者的统一。在土壤中缺乏果树所需营养元素时,可能引起营养元素缺乏症;但土壤中营养元素含量较多时,植株并不一定不缺乏;这与植株本身的营养基础和碳价水平有关。

第二,果树是多年生植物,树体贮藏营养物质是一个重要的营养特性。贮藏的营养物质可以在发育过程中被再利用,参加营养的循环,使梨树在土壤营养元素供应不足,或环境条件变化引起供应不稳定时,来维持梨树正常生长发育的进行。

第三,研究果树营养效果,应从整体与局部两个方面来考虑。在施肥过程中,既要注意使生产全过程中的营养水平和分布梯度保持协调,并使生理功能良好,又要注意到一些特殊元素在植株一个部分和一个器官的状况,使树体吸收的养分输送到应该输送的地方。

第四,研究各种营养水平,不仅要注意到元素的绝对含量,而且要注意到不同元素间的平衡问题。高营养水平,是指各营养元素之间比例最适宜,而且含量较高,并不是指某种或某些元素含量最高。在土壤中和植株中,元素存在着拮抗和相助两种关系,注意因地制宜的肥料种类配合是非常重要的。

第五,任何一种营养元素在植株内的平衡关系,都有最适效能的上限和下限;不是越多越好。过多或过少,都会破坏正常的生理功能。所以,要注意每个生长发育时期树体内营养元素的最适宜含量水平。

第六,认识肥料效益,分析施肥依据,要注意有机营养与无机营养的关系。一般应该"以无机促有机,看碳施氮"。以植株营养类型为起点,来制定施肥原则。

第七,既要根据果树的生物学要求,又要因所处的地理位置的生态因子,来制定适宜的施肥制度。就山东的气候特点而言,可以以提高贮藏营养水平为主,在生长后期注意根外追肥,早施化肥和基肥;而在生长前期,应根据植株状况区别施肥。如旺树应以根外喷肥为主或晚施;弱树要以根际施用为主,可以早施或多次施;在生长中期(新梢停长后到采果前),应保持较低的供氮水平,但不能断线。提倡夏季施有机肥。

第八,土壤施肥,首先应注意提高根系活动吸收功能的稳定性和土壤环境条件的稳定性。因为土壤过干过湿交替引起的根系停止生长与功能受限,是降低肥效,产生多种不良后果的主要原因。

黄金梨的施肥,同别的梨树一样,也应遵循以上的原则。

86. 在黄金梨生产中,
常用的有机肥料有哪些?

栽培黄金梨,常用的有机肥料如下:

(1)堆　肥　近几年,人们在管理梨树的时候,为了省工、省力,把 20 世纪 70～80 年代堆积有机肥的良好习惯丢弃了,其结果是不仅造成了生产成本的提高,而且由于一味地依靠化学肥料,使果品质量大大降低。在提倡发展无公害、绿色及有机食品的今天,为了节约开支和提高果品质量,我们还是应该提倡和推广过去一些良好的积肥习惯。农家堆肥主要由家禽、家畜的粪便和生活垃圾堆积而成,施用中具有成本较低、就地取材、适应性广、高效持久和无有害残留的优点。

(2)发酵鸡粪　鸡粪应堆积、发酵后施用。一般夏季需经 15～20 天,秋冬季需经 30～40 天的发酵,才可以施用。直接施用未经发酵的鸡粪,会由于发热而烧伤梨树根系,影响黄金梨的正常生长发育及结果。对鸡粪进行发酵处理时,应适量加入碳酸氢铵,一般每 2～3 立方米鸡粪加入 50 千克碳酸氢铵。或直接加入日本 EM 菌液,发酵效果更好,而且还有除臭的作用。

(3)泥　肥　广大农村中河、塘、沟、湖里的肥沃淤泥,称为泥肥。这种肥料具有来源广、数量大、能就地堆积、就地施用的优点。泥肥属于迟效性肥料,应该将它与其他肥料结合起来施用。

(4)饼　肥　作肥料使用的榨油后剩下的油饼等残渣,称为饼肥。油饼既是优质的有机肥料,又是良好的牲畜饲料,有些油饼还是工业上综合利用的原料。对于饼肥,应经粉碎后,用水浸泡 7～8 天,发酵后连汤一起施用。

(5)商品有机肥料　将食品加工的下脚料,经发酵后制成颗粒状有机肥料,其有机质含量一般为 30%～50%。这种肥料具有施用方便、用工少、有机质含量高、无废渣残留和无公害等优点。

87. 在黄金梨生产中, 常用的绿肥有哪几种?

凡是当作肥料施用的植物绿色部分,均称为绿肥。作为肥料使用的栽培作物,称为绿肥作物。翻压绿肥的措施,称为压青或掩青。我国栽培和施用绿肥的历史悠久,是世界上栽培和利用绿肥最早的国家之一。

可供黄金梨园种植的主要绿肥作物,有毛叶苕子、普通紫花苕子、草木樨、紫穗槐、紫花苜蓿、红三叶、沙打旺、油菜、绿豆和紫花豌豆等。

黄金梨园施用的绿肥,一般应种植在树行内或园地边沿和地沟边上,具有就地取材、成本低廉、施用方便和高效无残留的优点。

绿肥施用时,可以压青,也可以与其他堆肥一起堆积发酵后,作基肥施用。

88. 黄金梨的施肥与一般梨品种的施肥相比,有何特点?

黄金梨树的施肥,与一般梨树品种的施肥相比,具有以下几个突出的特点:

(1)需肥量大 黄金梨属于砂梨系统品种。它果实大,结果早,产量高,喜欢大肥大水,需肥量在正常情况下,比其他梨树品种要多。

(2)施肥要早 黄金梨幼树以腋花芽结果为主。初果期以后,以短果枝结果为主,而短枝的生长期极短,一般花后 15天即停止生长,其应有的叶面积应在短时间内形成。黄金梨的长梢生长期很长,自萌发后一直生长到 6 月下旬为止。如果施氮肥过多,往往生长过剩,对果实发育和花芽分化极为不利。故施用氮肥不可过量,同时应在春季萌芽时尽早发挥肥效,促进短枝叶面积早日形成和扩大,以便进行同化作用,加速果实膨大。绿肥的翻耕期,也应考虑满足早期叶面积形成的需要。

(3)钾肥量要多 在黄金梨和一般梨品种的果实中,钾的含量比其他元素多。钾不足,则果实个头明显地小,而且大小不一致。因此,应该在黄金梨果实肥大之前的 8 月上旬,对梨树施足钾肥。

(4)磷肥量要少 黄金梨对磷肥的需求量比其他果树要少,一般应为氮肥的 1/2 左右。多施磷肥,虽然单果重有所增加,但总产量会下降 13.3%左右。

(5) 要浅施肥 黄金梨的根系在土壤中分布均匀,加之现在的黄金梨大多采用密植栽培,故一般采用全面撒施或条沟浅施,即所谓的浅施肥。

89. 在不同地力条件下,黄金梨 所需氮、磷、钾肥的比例是多少?

在黄金梨生产中,施用氮、磷、钾肥料的比例问题,尤其值得注意。由于黄金梨引进时间短,有关适宜黄金梨的氮、磷、钾比例,目前还未见报道,故黄金梨的氮、磷、钾比例问题,可以参考其他梨品种的需肥规律来解决。

根据梨树的需肥特点,我国大多数学者普遍认为,每生产 100 千克梨果需纯氮 0.4 千克,磷 0.2 千克,钾 0.4 千克,氮、磷、钾的比例为 1:0.5:1。日本对长十郎梨的最低施肥标准是,每生产 100 千克梨果,需消耗纯氮 0.43 千克,磷 0.16 千克,钾 0.41 千克,氮、磷、钾的比例基本接近于 1:0.4:1。这与我国的试验数据基本相似。如果磷肥用量高于氮,虽单果重略有增加,但产量下降 13.3%。如钾肥的施用量与氮相同时,则减产 12.9%,这与土壤中的含钾量高有关。

根据多年的黄金梨生产实践经验,黄金梨在土壤有机质含量不足 1%时,施用肥料的氮、磷、钾的比例以 1:0.5:1 较为适宜;当土壤有机质含量达到 1%以上时,施用肥料的氮、磷、钾的比例以 4:2:1 较为适宜。

90. 黄金梨园的基肥应在什么时间 施用? 适宜的施用量是多少?

基肥的主要作用是补充梨园土壤的有机质,同时起到改良土壤的通透性,提高土壤肥力的作用。黄金梨的基肥应以有机肥为主,在黄金梨的休眠期结合梨园的翻耕时施用。为了使肥效在当年即可发挥,使翻刨时被切断的根系在当年愈合更新,基肥应于秋后落叶前早施为好。一般提倡一次施足,可以在生产中结合当地的具体情况来实施。施基肥一般在果实采收后施入,山东省的胶东地区在9月中下旬至10月上旬施基肥。

一般情况下,基肥的施用量要多,占全年施肥量的30%~50%。在秋冬季给强树施肥,有时要占全年施肥量的80%。正常情况下的施肥量,按每生产1千克梨果,需施入1.5~2千克的优质农家肥或0.1千克的颗粒有机肥(有机质含量在30%~50%),氮磷钾三元复合肥0.05千克来计算。一般盛果期的梨园,每667平方米可施4000~5000千克的优质农家肥,或200~300千克的颗粒有机肥(有机质含量在30%~50%)。4~6年生的黄金梨树的具体施肥数量见表11。生产中,应清除梨园内的病虫烂果、枯枝、落叶和老树皮等。这样,既消灭了越冬的病虫害,又为梨园增加了有机质。

表 11 4~6年生黄金梨树的基肥施用量

(kg/667m², 仅供参考)

种 类	树 龄			
	4年生	5年生	6年生	大量结果后
优质圈肥	5000	5000	5000	根据当年的产量、树体的生长发育情况和结果量的增加,逐年增加施肥量。大年增量,小年减量
(或发酵鸡粪)	2000	3000	4000	
(或颗粒有机肥)	200	200	300	
氮磷钾复合肥	125	150	200	
钙、硼等微肥	30	35	40	

91. 黄金梨园的追肥应在什么时间 进行? 适宜的施用量是多少?

黄金梨园的追肥,分为土壤追肥和叶面追肥两种。其追施时间及施用量分别如下:

(1)土壤追肥 黄金梨的土壤追肥,第一次应在3月下旬至5月上中旬进行,以氮磷钾三元复合肥为主。3~4年生树每株施用0.5~0.75千克;5~6年生树每株施用1~1.5千克;7~8年生树每株施用2~2.5千克。第二次追肥在8月上旬,即果实第二速生期,以硫酸钾型复合肥为主或直接施用硫酸钾肥。此时期若缺钾,黄金梨的个头会明显减小。

(2)叶面追肥 在花芽分化前是否进行叶面追肥,应看树体的发育情况而定。如果叶片出现黄色,则叶面应喷布2~3次氮肥;如果叶片为深绿色,则叶面应喷布1~2次磷、钾肥。在果实速长期,一般以叶面喷施磷、钾肥为主,结合喷施氮肥,对提高产量和品质都有重要的作用。在果实采收以后,则以喷施氮肥为主,以增加树体的营养贮藏。冬季梨树落叶后,应加喷一次50倍尿素液,以提高梨树枝条、花芽内的溶液浓度,增强梨树的抗寒能力,并促进花芽分化,有利于早春开花结果及提高坐果率。叶面喷施肥料一般一年应进行4~5次,具体喷用的液肥种类及浓度见表12。

表12 黄金梨的常用叶面喷肥种类及浓度

肥料名称	元素/含量 (%)	喷布时期	喷布浓度 (%)	喷布次数	备 注
硫酸锌	Zn/40	花后或采前	0.5~1.0	1	可以防治梨树小叶病
硫酸铜	Cu/25	花后或6月底	0.05~0.1	1	谨防铜害

肥料名称	元素/含量 (%)	喷布时期	喷布浓度 (%)	喷布次数	备 注
硫酸镁	Mg/20	花 后	1.0	1	可以增加果实表面光泽
硫酸钾	K/48～52	花后至采收前	0.2～0.4	3～4	—
螯合铁	Fe/14	花后至采收前	0.05～0.1	1	防治叶片黄化病
硼 砂	B/11	花期前后	0.1～0.25	1	可以提高坐果率
磷酸二氢钾	K/28、P/22	花后至采收前	0.1～0.3	2～4	也可以使用硼酸
尿 素	N/45～46	花后至采收前	0.3～0.5	2～3	—
草木灰	P/3.50、K/7.50	6月至采收前	1～6(清液)	2～3	—
尿 素	N/45～46	落叶后	50	1	提高枝条内的含氮量

92. 为什么说春季施氮肥，对黄金梨当年开花、坐果无效？

氮素一般以硝态氮和铵态氮两种形式为有效状态。果树吸收利用后，将铵态氮也转变成硝态氮。硝态氮转化成二氧化氮，与碳水化合物结合生成氨基酸，贮存于树体内。这一转化过程的时间，虽然尚不明确，但肯定是需要较长时间的，而不是在短时间(速效)内能完成的。

在黄金梨生产上，为了提高其授粉、坐果率，就要求黄金梨结果枝中的含氮量在春季较高。但是，由于氮的吸收与根系中的碳水化合物含量有关，当结果过多时，造成碳水化合物对根的供给不足，根的吸氮能力大大下降，树体即反应缺氮。氮在春季活动前，是以氨基酸的形式贮存于树体内的。树体要利用氮素，必须是树体内已经贮存的氨基酸形式的氮素。

所以,在春季施氮肥,对黄金梨的当年坐果及果实发育无效;在生长后期施氮肥,则对翌年开花、坐果有效。

93. 肥料的施用方法有哪几种? 各有什么特点?

施肥的方法及其特点分别如下:

图 1 环状沟施肥
1. 树干 2. 施肥沟

(1)环状沟施肥 在距树冠 50～100 厘米(视树冠的大小而定,以不伤根为原则)处,挖一个深为 20～30 厘米的环状沟(图 1),在沟内施入肥料。这种方法适用于幼树、成年树施肥。这种方法最好用来施基肥。进行时,应使环沟随着根系的扩展而逐年外移,以达到改善土壤理化性能的目的。

(2)放射状沟施肥 以树干为中心,向树干外挖 6～8 条放射状的沟,沟深为 20～30 厘米,内浅外深(图 2),将肥料施入沟内。此种施肥方法最好用来施基肥。

(3)穴状施肥 在距树干 50～100 厘米处,分散打几个深为 10～20 厘米的穴(图 3),将要施的肥料放在穴内,然后用土堵住穴口。这种方法最好用来追肥。

(4)条沟施肥 在树冠稍外位置的相对两面挖深、宽各 40 厘米左右的沟,沟长根据树冠大小而定(图4)。施肥条沟的东西位置和南北位置逐年轮换。这种施肥方法在宽行

图 2 放射状沟施肥
1. 树干 2. 施肥沟

图 3　穴状施肥

1. 树干　2. 施肥穴

图 4　条沟施肥

1. 树干　2. 施肥沟

密植梨园常被采用,也便于机械化施肥。其缺点是伤根多。

(5)长条状施肥　在两侧距树干 70～80 厘米的地方,挖深度为20～30 厘米的长沟,施入基肥或追肥。这种施肥方法多用于密植黄金梨园。

(6)全园撒施　将肥料撒施在树盘下部表土上,浅划锄后浇水。这种方法省工,省时,效果较好,主要用于密植黄金梨园或老梨园。

94. 什么是营养元素的相助作用与拮抗作用?

梨树的生长发育,除了需要氮、磷、钾、钙、镁与硫等大量元素外,还需要铁、锌、硼、锰与铜等微量元素。土壤中的元素必须保持一定的平衡关系。只有这样,梨树才可以正常生长。当一种元素进入树体后,另一种元素或多种元素随之增加,这种现象称为相助作用。如氮和镁之间即存在相助作用。当氮增加时,就会促进镁的吸收。如果某一种元素在土壤中多了,就可能抑制树体对另一种或多种元素的吸收,这种现象称为拮抗作用。相互有拮抗作用的元素有:氮与钾、硼、钼、锌与磷等元素;钾与钙、镁;磷与钾、铜与铁。

在梨树生产中可以参照表13,认清各元素之间的关系。在现代的梨树栽培中,一般情况下不会出现缺乏氮、磷、钾的现象。而对一些虽然属于梨树吸收的大量元素,但由于在施肥过程中缺乏重视,因而造成对有些元素的缺乏,并影响到梨树正常的生长结果。发现梨树出现缺素症时,首先从土壤紧实度、pH值、施肥及矿质营养亏缺、旱涝灾害和环境因素等方面,来进行综合分析,确定梨树发育异常的原因。必要时,应将病叶与正常叶片进行比较,通过测定和分析,做出正确的判断。

表 13 土壤中微量元素亏缺的元素因素

引起缺乏的原因		高N	高P	低N	高Ca	高Mg	高Mn	高Fe	高Cu	低Zn	高Zn	高S	高Na	高H₂CO₃
可能引起缺乏元素(×)	Zn		×			×								
	Mn							×	×		×		×	
	B				×									
	Fe	×	×	×	×						×			×
	Cu	×					×	×			×			
	Mo							×			×	×		
	Mg	×	×		×								×	

95. 缺氮症状是怎样的? 如何矫治?

(1)缺氮症状 氮是叶绿素的主要成分。缺氮叶绿素少,叶色淡黄,叶脉、叶肉均失去绿色,老叶由黄变褐并早期脱落,幼叶伸展迟缓,不转绿,坐果率较低,且产生生理落果现象。

（2）缺氮症的矫治

①增施有机肥　梨园管理的重要任务是调节氮素营养平衡。氮素缺乏或氮素过多都会造成营养失调。协调养分平衡的基本措施，是提高土壤养分容量和土壤的缓冲能力，即通过增施有机肥及绿肥，使梨园的有机质含量由目前的 0.5%～0.9%，提高到 1.5%～2.0%。

②科学施用氮肥　追施氮肥应按照黄金梨的物候期来进行。从树体发育上看，施氮肥应在春梢生长、花芽分化期和果实采收后施氮肥，但春季施氮肥无效，故氮肥最好在黄金梨秋季果实采收后，结合基肥一起施用。具体的施用量，可以按照每生产 100 千克黄金梨果，施用 0.4 千克左右纯氮的数量实施。树体落叶进入休眠期至萌发前，喷施 50 倍的尿素液，对提高枝条内的含氮量效果较好，可以明显地提高黄金梨枝条和花芽的越冬能力、花芽分化（雌蕊）的质量和授粉坐果能力。

③配方施氮　氮素的营养作用要发挥，就必须与磷、钾肥相结合，三者的联合效应比单一施氮效果明显。但要注意氮、磷、钾三者在土壤含有机质量不同时的施用量比例（参阅第 89 题）。

96. 缺磷症状是怎样的？
如何矫治？

（1）缺磷症状　缺磷时，黄金梨树表现为叶片小而稀疏，呈暗绿或淡绿色；发枝少，枝条细弱，不充实，萌芽少，成花率低；果实小，风味差。

（2）缺磷症的矫治

①种植和翻压绿肥作物　对风砂土、砂壤土果园有效的补磷措施是种植和翻压绿肥作物。先将少量磷肥施于苜蓿、草木樨和沙打旺等绿肥作物上，促使其生长。每年刈割压青，

既作肥料,又利用其根茬改良土壤结构。压绿肥逐年增加土壤氮、磷、钾及微量元素含量,壮树增产,效果显著。山地、丘陵梯田的田埂,可以种植草木樨、紫穗槐和聚合草等抗旱绿肥作物。绿肥、磷肥与穴贮肥水、地面覆盖相结合,是节水肥田的有效途径。

②喷施磷肥 在黄金梨生长后期,喷布 0.2%～0.3% 的磷酸二氢钾,可提高果实含糖量和抗病、抗寒性能。对梨树和绿肥作物同时喷布 3% 的过磷酸钙溶液,梨树和绿肥作物双双受益。过磷酸钙的残渣可结合刈割后埋于根层,利用绿肥分解的有机酸,溶解残渣中弱酸溶性和难溶性磷。

97. 缺钾症状是怎样的? 如何矫治?

(1)缺钾症状 钾是游离态存在于植物体内的。当土壤中缺钾时,钾会从老组织中转运至幼嫩组织(幼叶、幼果)中去,维持当时营养中心的生长。成叶会因失去钾而出现叶缘变褐,并失水而向内卷曲,呈现出烧灼状。严重时出现早期落叶和落果。缺钾时,果树根系的淀粉低 1/3;翌年春季,细根萎缩,呈锈黄色。缺钾的枝条,剪口下抽干,芽枯死。果实表现出含糖量低,着色差,抗病力弱,不耐贮藏。但当钾供应过多时,果实会出现早熟,果肉松软,也不耐贮藏。

(2)缺钾症的矫治

①施用钾肥 施用钾肥是补钾的有效措施。在黄金梨生产上,常常用硫酸钾和氯化钾两种钾肥。但要注意的是,梨是耐氯能力较差的果树。苹果耐氯极限为 200 微克/克,山楂为 400 微克/克,葡萄为 500 微克/克,而梨在土壤含氯达到 200 微克/克时,虽然可以生长,但结果及产量没有保证。

②配方施肥 在黄金梨生产中,硫酸钾往往不单独施用,

而与氮、磷元素一起配合施用。最好的方式是氮磷钾三元复合肥,但要注意其比例,市场上常见的符合以上比例的三元素含量分别为 18%,9%,18%。

98. 缺钙症状是怎样的? 如何矫治?

(1)缺钙症状 缺钙梨树叶片小。幼嫩组织缺钙会造成顶芽停长,幼叶呈褐色向内卷曲而枯落。根尖停长,皮层加厚。而后根尖部分萌生丛状新根。丛状新根枯死后又萌生新根。根逐渐衰老呈扫帚状,甚至孳生病菌而腐烂。缺钙的果实在贮藏期间,容易出现水心病和苦痘病;味道变苦,内部出现黑心,果肉组织松软,变成褐色。

(2)缺钙症的矫治 当梨树严重缺钙时,可以土施硝酸钙200~250 克/株,或叶面喷布 0.3%~0.5%的硝酸钙溶液。梨树喷钙的时期以盛花后 60~100 天效果较好,其吸收量占果实成熟后总钙量的 36%~53%。在梨果吸收钙的高峰期即盛花后,连续喷施水溶性钙溶液,收效显著。黄金梨喷钙,不仅增产,还可以抑制多酚氧化酶和过氧化物酶的活性,提高耐贮藏性。

99. 缺铁症状是怎样的? 如何矫治?

(1)缺铁症状 铁在梨树体内移动性小,再利用率低。叶片缺铁时,表现为叶片失绿,主要表现在新叶和新梢上。叶片小而薄,黄化自先端开始,叶脉绿色,叶肉黄化甚至白化,严重时叶片全部变为黄白色,叶缘出现褐斑,叶缘干枯,并出现"枯梢"现象。由于缺铁而造成的叶片失绿,会随着雨季的到来而加重。雨季过后,虽然外围叶片有所复绿,但已经严重影响叶片的光合能力。

(2)缺铁症的矫治 增施有机肥对减轻黄叶病的发生有明显的作用。对已出现黄叶病的梨树,应在早春喷施 $0.75\% \sim 1.0\%$ 的硫酸亚铁溶液,或浇灌 2% 的硫酸亚铁溶液来治疗,也可喷布 $0.3\% \sim 0.5\%$ 的硫酸亚铁溶液来防治。

100. 缺锌症状是怎样的? 如何矫治?

(1)缺锌症状 梨树缺锌时,树体内的生长素减少,出现节间缩短,叶片簇生,形成小叶病。梨树以吸收 Zn^{2+} 为主,在幼嫩组织中与酶形成结合态锌,促进梨树的生长发育。缺锌时,梨树老叶片中的锌可以向新叶片转移,但较少。锌在梨树树体内的再利用情况较差。梨树缺锌时,发芽晚,幼叶发育不良,呈灰绿色,叶片小而不舒展,呈舌状或卷曲,质地硬脆,节间短,严重时枝条上部叶缘失绿,新梢细弱,或呈现出褐色,顶梢不分枝,呈旗杆状。春季开花时,花蕾难以绽开,随之变黑干枯;即使开花,也会出现花朵小,果实小,花芽少的现象;发病严重的树,树冠缩小,甚至死亡。

(2)缺锌症的矫治 在生产上防治小叶病,除增施有机肥外,还可结合施基肥,每株施入硫酸锌 $500 \sim 1\ 000$ 克,可保持后效 $3 \sim 5$ 年。也可用 $3\% \sim 5\%$ 的硫酸锌溶液,在发芽前喷布。发芽后,用 0.3% 的硫酸锌溶液喷布。

101. 缺硼症状是怎样的? 如何矫治?

(1)缺硼症状 梨树缺硼时,酚类物质(咖啡酸、绿原酸)含量过高,幼根根尖或茎端分生组织死亡。当梨树缺硼时,还会发生"枯梢"现象,叶片小,花芽发育不良,花序凋萎枯死。果面不平,病部呈褐色近圆形凹陷,果肉细胞变褐色,木栓化。

(2)缺硼症的矫治 如果土壤中的硼含量过低时,应土壤施硼与叶面喷硼相结合;但硼含量过高时,也会出现对叶细胞的伤害。生产中应在增施有机肥的基础上,幼树每株施 50～100 克硼砂,成龄树每株施 150～200 克硼砂,也可在发芽后叶面喷布 2～3 次浓度为 0.2%～0.5%的硼砂液。

102. 缺锰症状是怎样的？ 如何矫治？

(1)缺锰症状 缺锰使叶绿体分解,叶片失绿。叶片含锰量<20 微克/克时,叶肉开始黄化,类似于缺铁的失绿症状。当叶片喷施硫酸亚铁后,叶片不能恢复失绿症状时,应当考虑与缺锰或缺氮有关。梨树缺锰主要与土壤中的有效锰含量低有关,梨树一般不单独施用锰肥,梨树的锰肥营养完全来自土壤。锰在土壤中有 Mn^{2+}、Mn^{3+}、Mn^{4+}、Mn^{5+}、Mn^{6+} 等离子存在,梨树以吸收 Mn^{2+} 离子为主。

(2)缺锰症的矫治 据有关的试验表明,缺锰的梨园在生长季节喷布碳酸锰比土壤施用效果好。但是,为了降低用工也可以结合秋季施基肥,按每 667 平方米用 1～2 千克硫酸锰的施用量,与基肥混合后施入。

103. 缺铜症状是怎样的？ 如何矫治？

(1)缺铜症状 当叶片含铜低于 3 微克/克时,梨树的顶端新梢叶片先失绿变黄,叶脉有锈斑,随之干枯脱落。在山东省内的梨园,缺铜并不多见,只有在沙地或砾土园片有零星出现,山东省土壤的有效铜平均含量为 1.08 微克/克,梨园中 20 厘米土层内的含有效铜的量高于农田,老梨园的含量可达 86～140 微克/克,因而造成主根不伸展、侧根短粗的中毒症状。

(2)缺铜症的矫治 对缺铜的梨园可以喷布 0.02%～

0.04%的硫酸铜溶液。如果采用高浓度的硫酸铜,则应加入0.15%～0.25%的熟石灰,以免产生药害。也可以与基肥混合施入,每667平方米用1～1.5千克硫酸铜,施入的深度为20厘米,3～5年施用一次,可以有效地防止缺铜症状的发生。

104. 黄金梨需要在什么时间灌水?
一般每年灌几次水?

春季灌水可有效地提高坐果率,提高抗霜冻能力。秋季干旱,会使果实减少单果重量,品质变差,旱后遇雨易裂果。黄金梨园灌水的原则是"春旱必灌,花前适量,花后补墒,严防秋旱,采后冻前必灌"。根据黄金梨树的生长发育规律,每年一般可按下述时期进行灌水:

(1)**萌芽开花前灌水** 主要是补充土壤水分,促进萌芽开花。同时对新梢的生长发育,扩大叶面积,增加坐果率,都有重要作用。

(2)**落花后和新梢加速生长期灌水** 梨树在此期需水最多。供水不足会引起大量落花落果,同时春梢的生长量也会大大减少。

(3)**果实加速生长期灌水** 此期灌水可以促进果实发育,有利于花芽分化,对当年的产量和翌年的产量都有很大的影响。

(4)**采收后灌水** 黄金梨采收后一般施基肥,在施肥后必须灌水。否则,将对根系生长极为不利。加之果实采收后,适逢根系生长的第二次高峰期,对水分需求迫切。

(5)**休眠期灌水** 冬季封冻前灌水,对提高梨树的抗寒性和抗旱能力都很重要。

105. 目前黄金梨园灌水的方法
有几种？各有何优缺点？

目前,在黄金梨生产上,灌水的方法一般有六种,其实施情况及其优缺点分别如下:

(1)漫　灌　漫灌是目前大部分黄金梨园采用的灌水方法。在靠近河流、水库、机井和池塘等地方,在园边或几行间修筑较高的畦埂,通过明沟将水引入梨园。由于这种方法浪费水资源,因此以后会逐步淘汰。

(2)沟　灌　这是地面灌溉中较好的方法。在梨树的行间开沟,将水引入沟内,靠渗透湿润根际土壤,既节省灌溉用水,又不破坏土壤结构。灌水沟的多少视栽植密度而定,在稀植的条件下,每隔 1～1.5 米开一条沟,沟宽 50 厘米、深 30 厘米左右。密植园可以在两行之间只开一条沟。待水渗入地下后,平整土地,将灌水沟埋好。

(3)畦　灌　又称为树盘灌水。在梨园中以一行树为单位筑畦,通过多级水沟将水引入树盘内进行灌水。畦灌用水量较少,也比较好管理。但也有漫灌的缺点,只是程度较轻而已。

(4)滴　灌　整个系统包括控制设备(水泵、水表、压力表、过滤器、混肥罐等)、干管、支管、毛管和滴头。具有一定压力的水经过严格过滤后,流入干管和支管,把水输送到梨树的行间,围绕梨树的毛管与支管相连,毛管上安装有 4～6 个滴头(滴头的流量一般为 2～4 升/小时)。滴灌是一种节约水资源的灌溉方法,一般比畦灌节约水资源 70%～80%。近几年来,国内在减少滴灌投资,避免堵塞及提高寿命等方面,有了许多优化方案,使这一技术的推广速度大大加快。

（5）**喷　灌**　喷灌有高喷与低喷两种,在空气干旱地区,喷头的装置应高于树冠。一般地区喷头装置高于地面30～50厘米。管道在建园时,按株行距埋在地下,分设接口通向地面,并按压力的大小设置喷头。喷灌灌水均匀,不受地形影响,用水节约,不破坏土壤结构,还可改善梨园的气候。但建设喷灌设施一次性投资较大。

（6）**管　灌**　应用管道灌溉,是借助于埋于地下的管道,把水引入地下深层土壤,通过毛管作用,逐渐湿润根系周围,可以达到节水、节能、节地和省工的效果。在节水方面,一般情况下水的利用系数可达0.96～0.97。目前生产上选用的管材有塑料、水泥等材料,埋入地下,在梨园一般布设成矩形管网,每隔50米设一水栓,接50米的长管,向根部供水。据山东省临沭县1989年试验,用陶土管渗灌,效果良好。一年灌水3次,每次每667平方米需要用水4～5吨,如果漫灌要达到同样的土壤湿度则每次需要灌水45～50吨。

106. 目前黄金梨园的肥水管理技术比以前有何改进？

黄金梨等日韩砂梨结果早,产量高,对土肥水的需求严。在我国有水浇条件的梨园,土壤管理最好实行生草制,利用行间种植牧草或杂草,以增加土壤的有机质含量,培肥土壤,增温保墒,保护天敌,增加生物的多样性。在施肥方面应以有机肥为主,适当增加生物菌肥的施入量,并适量加入氮磷钾三元复合肥及微量元素肥料,并随着产量的增加而加大肥料的施入量。在此基础上,还应注意以下三个方面的改革。

（1）**改深刬锄为浅刬锄**　日本的果树专家冢一幸认为,果树的深层根系起着固定树体,决定长势的作用;浅层根系起着决定花芽分化和果品质量的作用。为了促进花芽分化和提高果品质量，必须保护梨树地面下10～20厘米的根系。对清耕制梨园划锄时，只需划破土壤的表皮，切断土壤的毛细管即可。日本的生草制梨园不划锄，有机质含量在2%～3%，连年丰产。

(2) 改深施肥为浅施肥　梨树施肥后，许多溶于水的矿质元素如钙、钾等，都易随灌水而产生渗漏，灌一次水，向土壤深层渗一定的深度，灌水次数越多，渗漏的也越重。传统的施肥深度一般在40～50厘米，施肥后随着灌水次数的增加而渗漏严重，肥料利用率极低。现在的观点认为，无论是施基肥还是施追肥，都应考虑浅层根系的作用，施肥深度应在10～20厘米之间。

(3) 改大水漫灌为滴灌或渗灌　大水漫灌后，浅层土壤中的部分梨树须根会缺氧，而造成死亡，并且板结土壤。现在的观点是提倡采用滴灌或渗灌。滴灌或渗灌不仅有利于树体发育，而且还节水、省工、省时，减少病害发生。

六、花果管理

107. 为什么要在黄金梨开花前
喷施防治病虫害的农药？如何进行？

花前喷药在黄金梨的管理上尤其重要,这是将病虫害的发生基数降低的最有效的技术措施,这个时期的喷药措施不当,将增加以后防治上的困难。连续多年的实践证明,花前喷药尤其对梨树上重要的病害,如梨轮纹病、黑星病和黑斑病等的越冬病菌;以及梨树上重要的虫害,如梨木虱、康氏粉蚧和黄粉蚜等的越冬虫卵,都有良好的铲除和杀灭作用。

一般在开花前共喷两次药:第一次在鳞片松动期;第二次在花序分离期。

(1)鳞片松动期喷药 山东省胶东地区,一般在3月下旬至3月底,在花芽鳞片松动后,花序分离前,用4~5波美度的石硫合剂加0.3%的洗衣粉进行喷布,喷至雨淋状。

(2)花序分离期喷药 在4月上旬,用1.0%阿维菌素乳油3 000~4 000倍液,或2.0%的阿维菌素乳油6 000~8 000倍液+70%的甲基托布津可湿性粉剂1 000~1 500倍液+10%的吡虫啉可湿性粉剂2 000倍液喷雾,喷至雨淋状。

108. 何谓霜冻？
春季霜冻的发生有何规律？

霜冻是指冬初、春末,日平均气温在0℃左右,由于寒流或辐射冷却使温度在短时间内降到使梨树或某些器官遭受冻害或死亡的现象。通常以地面最低温度 0℃作为霜冻指标。

一般情况下,发生晚霜冻害的年份在两个时期出现霜冻,即 4 月上旬梨树花前有霜冻,4 月下旬梨树花后套小袋前也有霜冻。花前霜冻大多将柱头冻坏,使柱头变黑,失去接受花粉的能力,即使人工授粉也坐不住果。花后霜冻大多将幼果的果萼处冻裂,产生 1～4 处深度不一的裂痕,幼果长成后在果萼处留有明显的伤痕,成为次果,几乎没有商品价值。据连续几年观察,晚霜危害的轻重与以下几个因素有关。

(1)地 势 靠近河流、湖泊和水库的梨园,很少发生晚霜危害。而在地势低洼、附近没有水源、西北坡和风力较大又没有防护林的地方,则晚霜发生严重。

(2)树 高 据多年观察发现,在遭受霜冻严重的地块,距离地面 120 厘米以下的树体受冻严重,而距离地面 120 厘米以上的树体,则受冻较轻。

(3)树 势 树体发育好,树势强,上一年度结果量适中,秋季落叶晚的树,受冻轻;树体发育差,结果过多,树势弱的树受冻严重。

109. 预防花前霜冻的
有效措施有哪些?

在黄金梨的花期,应注意当地的天气预报,当气温有可能达到 1℃～0℃时,就应准备预防霜冻。预防霜冻应采取综合措施,而不应采取单一的技术措施。目前山东省胶东地区,在黄金梨生产上主要采取以下的技术措施。

(1)选择适宜的地形 从连续几年的霜冻发生情况看,春季容易发生霜冻的地区,种植梨树应充分考虑地势因素,避免在易发生霜冻的地方建园。黄金梨园最好建在靠近湖泊、河流及水库等有大量水源的地方,或者建在山地的南坡和东南坡。这些地方,很少发生春季晚霜;即使发生春季晚霜,其危害程度也明显减轻。

(2)延迟开花期 将黄金梨的树干、主枝涂白或全树喷白,以反射阳光,减缓树温上升,可推迟萌芽和开花期。在上年的秋季喷布 $50\sim100$ 毫克/升浓度的赤霉素(GA_3)溶液,可以推迟花期 $8\sim10$ 天,对其成熟及品质无明显影响。

(3)熏 烟 熏烟可以减少土壤热量的辐射散发,并吸附大气中的水汽,使水汽凝成液体释放出热量,增高气温,减少或避免花冻。常用的熏烟材料有树枝、锯末、杂草、树叶、玉米秸、麦秸和麦糠等,每 667 平方米的面积堆放 $3\sim4$ 堆。当气温降到接近 0℃时,开始点燃草堆,并用一定数量的湿草覆盖在点燃的草堆上面,使其冒浓烟,达到预防霜冻的目的。

(4)花前灌水 春季在开花前灌水 $2\sim3$ 次,有防霜冻的作用。一是可以降低地温,延迟开花期(可延迟开花 $2\sim3$ 天),避开霜冻。二是由于灌水增加了土壤的热容量,夜间土壤温度不至于发生剧烈的变化。

(5)喷施防冻剂 目前在黄金梨的生产上,可以采用的防冻剂有甲壳丰和天达 2116。甲壳丰用 $600\sim800$ 倍液、天达 2116 用 $500\sim600$ 倍液,在开花前喷雾。若与其他农药混用,需用少量甲壳丰或天达 2116 与所喷农药混配,确认不产生沉淀和反应后,方可使用。否则,就需要单独喷布。喷布甲壳丰或天达 2116 溶液后,能使果实提早 $7\sim10$ 天成熟。应结合当地的实际情况,确认是否需要来具体实施。

(6)冻后补救 黄金梨的花朵受冻后,可以喷布浓度为 $40\sim50$ 毫克/升的赤霉素(GA_3)溶液,在花托未冻坏的情况下,可以促进单性结实,对当年的产量进行一定的补救。同时,要加强土肥水的综合管理和实施人工辅助授粉,促进坐果,增强树势,挽回产量。

110. 怎样对黄金梨进行疏花?

疏花应在黄金梨的花序分离期进行。山东省胶东地区,一般在4月上旬进行。目前在生产上,为了简化生产工序,提高生产效率,一般采取按距离疏除花序的方法,而不是疏除单个的花朵。黄金梨应按35~40厘米留一个花序,将其余的花序一律疏去。

冬季修剪时,疏去多余的花芽比春季疏花效果好,疏花比疏果效果好。这就是果农常说的"疏果不如疏花,疏花不如疏花芽"的道理。

春季疏花时,将主干延长枝以及主枝延长枝的花序统统疏去,对其余的结果枝按一定的距离疏花。如果花很多,为了保证翌年的产量,可将果台副梢较好的花序疏去,疏去花序的果台副梢可在当年形成花芽,这叫以花换花。留用的花序,也应留下基部1~3个花,将花序上部其余的花都掐去,以节约养分。留下的花序,力求均匀,内膛以及外围少留,中部多留;壮枝多留,弱枝少留。疏花的效果见表14。

表14 疏花对黄金梨品质和产量的影响

(5年生,株行距为1m×4m)

处 理	果实含糖量 (%)	单果重 (g)	平均株产量 (kg)	稳产程度 (%)	外 观
疏 花	13.7	432.1	25.6	85.2~95.0	色淡黄,果个大
对 照	10.5	245.4	20.1	40.2~45.6	色淡绿,果个小

注:疏花为疏除花序并按需要留花;对照为不疏花,只在疏果时
　　疏除多余的幼果

111. 为什么要对黄金梨进行人工授粉？怎样进行？

虽然黄金梨的花朵自然坐果率较高,但为了生产大型果,仍然要进行人工授粉。据笔者观察发现,黄金梨采用4个品种以上的混合花粉(绿宝石、圆黄、早酥、丰水等混合花粉)进行人工授粉后,果实个头明显比自然授粉的增大,一般情况下增大幅度为12%～15%。人工授粉的操作方法如下:

(1)采集花粉 在初花期,即气球状花苞时,采集花粉。选择果大、型正、色亮、味甜的品种,作为花粉源品种。一般每10千克鲜花可出1千克鲜花药,5千克鲜花药可出1千克干花粉。如果人工点花授粉,一般每667平方米需干花粉20～25克。采花时,要采集大铃铛花,用电动采粉器采出花粉,或用手对搓取出花粉,然后放在低温干燥处备用。

(2)贮藏花粉 所采集的花粉,如果在当年不能用完,则需要进行保存,以便来年再用。为了保持其生命力,需满足低温、干燥和黑暗三个条件。贮藏花粉时,可以将花粉装入玻璃瓶,放在干燥器内(内有硅胶),外罩黑布,然后置入0℃～5℃的冰箱内,花粉的活力可以保持2～3年。

(3)授粉时间及次数 在全黄金梨园的花开放约25%时,即可开始授粉。以天气晴暖,无风或微风,上午9时以后效果较好。选花序基部的第三至第四朵边花进行授粉。因为第一至第二朵花结的果,果柄短,套袋不易操作,且果形扁,第四朵以后的花所结的果,虽然果柄较长,套袋操作容易,但结的果易出现槽沟且花萼易宿存,套袋后在果萼处易生果锈,都不宜采用。花要初开,而且柱头要新鲜。应开一批授一批,每隔2～3天再重复进行一次。一般情况下,授粉应进行2～3

次。

(4)识别花朵 有的花朵因所处地区、年份的不同,可能受到冻害,这样的花朵即使授粉,也坐不住果,这就需要对花朵的生命力进行鉴别。受冻花朵的具体表现是:柱头发黑,花药仍然红色,表面看这样的花没有什么两样,但是这种花的柱头是没有生命力的,即使人工授粉也坐不住果,在实际生产中应特别注意。

(5)人工点授 授粉时,将花粉装入小瓶,用铅笔头蘸取花粉,轻轻在花的柱头上一点,每蘸一下花粉可授 8~10 朵花。

112. 黄金梨在开花期需要
怎样的生态环境条件?

(1)温　度 黄金梨树开花要求的温度在 10℃以上。花粉发芽也要求 10℃以上的气温。在 15℃~17℃ 的温度下,1 小时后即 50% 发芽,2 小时后有 80%~90% 发芽,3 小时后花粉管完全进入柱头。温度低于 12℃时,花粉发芽及伸长极差,10℃以下几乎呈停止状态。柱头授粉后 1 小时、2 小时进行 20 毫米的人工降雨,观察花粉流失程度。其结果是:1 小时后,流失 50%,2 小时后,流失 20%,进入柱头的花粉完全不流失。授粉 3 小时后,若在气温不低的情况下,降雨对授粉是无影响的。花蕾期冻害危险温度为 -2.2℃;开花期冻害危险温度为 -1℃~-3℃时,花器产生冻害;4℃~5℃时,花粉管即受冻害。持续 15℃以上的气温,可促进开花的过程,24℃时花粉管伸长最快。在山东的胶东地区,一般约有 50% 的年份发生冻害,所以应特别注意。

（2）**光　照**　黄金梨的开花期，要求天气晴朗，无风，并有充足的光照。因为梨是喜光果树，年需光照时数为 1 600～1 700 小时，梨树的光合作用补偿点在 800 勒。

（3）**水　分**　黄金梨应在花前灌水。花期尽量不要灌水，以免增加梨园的湿度。

（4）**风　力**　花期微风有利于授粉受精。花期大风则影响坐果，而且对蜜蜂活动有不利的影响。

113. 什么是叶果比？
黄金梨需要的叶果比是多少？

叶果比，是果树上叶片总片数与果实总个数的比值。叶果比是黄金梨管理中，疏花疏果的重要依据。

确定叶果比的首要条件是，叶片功能正常，完好无损，大小居中。由于栽培方式、所定植的地块、品种和肥水管理条件的不同，叶片的功能存在差异，叶果比也应有所伸缩。即管理水平好的园片、栽植密度适宜、叶片大而厚和叶功能强的，叶果比应小；反之则大。

据山东省果树研究所观察，日本晚三吉梨每个果实占有叶面积为 1 295 平方厘米，单果重可以超过 250 克。另据上海市农业科学院园艺研究所观察研究，日本的新世纪梨 25 片叶留一个果的，单果重可以达到 124 克，42 片叶留一个果的，单果重可以达到 150 克，秋蜜梨 37 片叶留一个果的，单果重可以达到 150 克。

从理论上讲，黄金梨一般每个果实只需 10～20 片叶即可正常生长发育，但综合考虑枝叶和根系发育对营养物质的需求，则每果需要 25～30 片叶。为了生产优质大果，目前在黄金梨生产上，一般要求黄金梨的叶果比为（35～40）：1。

114. 什么是枝果比？
黄金梨的枝果比以多大为宜？

枝果比就是果树上各类一年生枝条的总数量与果实总个数的比值。枝果比也是黄金梨栽培管理中,进行疏花疏果的重要依据。

影响枝果比可靠性的因素比叶果比更多,但是在生产上应用起来比较方便。目前采用枝果比作为定果标准的,一般每 3 个枝留一个果。如果树体比较强旺,枝果比可按 2.5∶1 或 2∶1 来进行,弱树要适当增加枝果比到 3.5∶1 或 4∶1。

日本的经验是幸水、新水等品种每 4～5 个芽留一个果,如按短果枝计算,则 2.5～3 个短果枝留一个果,每 667 平方米留 10 000～12 000 个果,可产果 3 000～4 000 千克。据多年栽培观察,在一般管理水平下,黄金梨的枝果比以(3.5～4)∶1 较为适宜。

据于绍夫、戚其家等人的研究表明,梨果枝的粗度与果实的大小及含糖量,都有密切的关系(表 15)。果枝的粗度越大,所结的果也越大,含糖量也越高。因此,粗壮的果枝可以适当地多留一些果,细弱的结果枝要适当地少一些果。

表 15　梨果枝粗度与果实大小及含糖量的关系

果枝的粗度(cm)	平均单果重(g)	果实的含糖量(%)
<7.0	213.4	10.54
7.0～7.9	213.8	10.48
8.0～8.9	230.0	10.63
9.0～9.9	248.7	10.82
10.0～10.9	262.8	10.47
11.0～11.9	274.3	11.36
12.0～12.9	257.1	11.26
>13.0	237.1	11.57

115. 怎样根据主干断面积
确定树体的合理负载量?

根据有关的研究表明,主干粗度与地上部分的枝叶量有一定的关系,具体可以反映树体的承受能力。据王有年1987年在山西省的太谷县旱坡地梨园(9～10年生的酥梨)的调查发现,树干距离地面30厘米处测得每株的干周粗度与单株产量呈正相关(极显著),其回归方程式为:

y=6.296x-176.9793

式子中的 x 代表干周(厘米),y 代表负载量(千克)。

据山东农业大学研究,鸭梨幼树每平方厘米的干断面积可以留果3～4个,为520～750克。据山东省果树研究所研究,每平方厘米干断面积可以负载茌梨750克,鸭梨1 000克。13年生鸭梨每平方厘米干断面积留4～5个果,每个果实可以达到170～190克。据福建农学院研究,黄花梨每平方厘米干断面积最大负载不能超过1 200克。华中农学院研究,黄花梨每平方厘米干断面积适宜负载4(上下浮动0.03)个花芽,才可以保证干断面积每年增长16%。

在黄金梨的管理过程中,应该测量出每株树的干断面积,并建立生产管理档案,根据其干断面积计算出其科学、合理的负载量。

116. 怎样科学进行黄金梨的疏果?

(1)疏果时间 黄金梨一般在谢花后7天开始疏果,谢花后10天内疏果结束。疏果早比疏果晚效果好。据我们观察,在4月下旬疏果的黄金梨,平均单果重为402克,而在同样的留果量的基础上,5月上旬套小袋前疏果的仅为340克。早疏的果实有较多的细胞数目,而且细胞体积大,晚疏果实的细胞只是体积大而细胞数量不多。

(2)疏果方法 在目前黄金梨的栽培中,一般采用人工疏果的方法。化学疏果的方法,由于其疏果的轻重程度不易掌握,故一般不采用。

人工疏果时,首先用疏果剪,将病虫危害的、受精不良的、形状不正的、花萼宿存的、叶磨果、朝天果、下垂果以及纵径较短的扁形果进行疏除。一个花序中的第一、第二朵花结的果也应疏除,保留第三、第四朵花结的果。果实直立向上的朝天果,虽然在幼果期生长良好,但在果实膨大期,容易造成果径弯曲,而使果形不端正。因此,应留那些位于结果枝组两侧横向生长的幼果。幼期果实向下生长的下垂果,也尽量不留。据笔者多年观察,果实的果萼向下的,果实个头明显偏小。

留果时,要掌握总的原则是:"强树多留,弱树少留;内膛多留,外围少留;树冠下部多留,树冠上部少留"。

117. 为什么要给黄金梨套袋? 在一年中需要进行几次?

对黄金梨实施全套袋栽培,具有以下优点:

(1)果面光滑 由于果实在袋内阴暗处生长,大大减少了叶绿素的合成。黄金梨套袋后呈现出浅黄色或浅黄绿色,贮藏后变为淡金黄色,色泽淡雅。

(2)果面洁净 套袋后,幼果在袋内生长,避免了风、雨、光、农药和灰尘等不利因素对幼果果面的刺激,减少了果面与枝叶之间的摩擦,减少了水锈与药锈,抑制了果点的生长,促进了蜡质层分布均匀,从而使果皮细腻有光泽。

(3)内在品质提高 黄金梨套袋后,石细胞减少,果肉更加细脆，果实品质大大提高。

（4）防治病虫害 对梨黑星病、黑斑病、轮纹病和炭疽病等病害，对桃小食心虫、梨大食心虫、梨小食心虫、梨虎和梨蟓象等害虫，可减少喷药次数 2～3 次。但套袋后会加重康氏粉蚧、梨木虱和黄粉虫进袋为害情况的发生，因此，在套袋时，要特别重视对这三种害虫的防治。

（5）降低农药残留量 袋内的果实与农药基本不接触，并且喷药的次数也大大减少，农药的残留很少。据有关单位测定，不套袋果实的农药残留量可达 0.23 毫克/千克，而套袋果实的农药残留量仅为 0.045 毫克/千克。

（6）增加果实的耐贮藏性 由于套袋果的黑星病、黑斑病、轮纹病和炭疽病大大降低了发病率，入库后病害较轻。并且由于套袋的果实失水少，皱皮轻，淀粉比率高，呼吸后熟慢，是气调贮藏的首选果品。

（7）果品等级高 由于套袋栽培是高度的集约化、规范化、科学化栽培模式，所以，疏花、授粉与疏果等工作都比较严格，商品果率明显提高。

黄金梨套袋共进行两次，第一次套小蜡袋，第二次套双层大袋。

118. 在黄金梨果实套小蜡袋前 喷药，要注意什么问题？

黄金梨套小袋前，为了防治病虫害，一定要喷布药物。山东省胶东地区，在 5 月初给黄金梨套小袋前喷药，一般用 10%的吡虫啉可湿性粉剂 2 000 倍液＋70%的甲基托布津可湿性粉剂（颗粒细度为 700 目以上，出口专用）1 500 倍液喷布。在具体喷药中要注意以下两个问题：

(1)选好药剂　据我们观察发现，套小袋前属于黄金梨梨幼果脱毛期，此期喷洒农药最好不用含有锰元素（大生 M-45等系列农药）以及乳油类杀虫剂（氯氰菊酯、阿维菌素等）、杀菌剂，最好采用可湿性粉剂或水剂农药，以减小对幼果果面的刺激，减小黑点及药锈的产生。黄金梨等绿皮砂梨品种，若在套小袋前喷乳油类杀虫、杀菌剂，在套袋后果实成熟时，果面上就会出现药锈斑点及其他不应有小黑点、小斑点等，严重降低果实的商品价值。大生 M-45 等系列农药以及乳油类杀虫剂（氯氰菊酯、阿维菌素等）和杀菌剂，可以在套小袋结束后使用。

(2)喷药操作要适度　喷药时，喷雾机械工作压力刻度不能超过 2.0。压力过大，会造成幼果表面产生药锈。喷药时，喷布持续时间不宜过长，严防幼果表面产生小药滴。据观察，只要在幼果表面形成了小药滴，后期梨果的药锈就较重，严重时，园片的药锈果率能高达 50％左右。

119. 应给黄金梨套何种
型号的小蜡袋？怎样套？

(1)小袋选择　目前市场上销售质量较好的小蜡袋只有一种，是用小钢丝扎口的，规格大多是 73 毫米×106 毫米。选择时要重点看一下边口的粘合是否牢稳，小钢丝的强度是否适宜。小钢丝的强度太强，则易损伤果柄；强度太弱，则绑扎不牢，造成进水、进药液，使果面产生水锈和药锈。

(2)套袋时间　套小袋，应在黄金梨谢花后第十天开始，谢花后 15 天内必须结束。套小袋过早，易造成后期康氏粉蚧的侵入，套小袋过晚，也可能造成果点突出，以及梨黑斑病的感染和卷叶蛾的侵害。

(3)套袋操作　套小袋前,最好进行湿口处理。其目的一是为了扎口严密,二是为了套袋时避免造成果面划伤。套小袋前 2 天,将包装小袋的小盒放入平底大容器内,使小袋口向下。将小盒盖掀开,注水 1.5～2.0 厘米深,浸泡 12～24 小时。浸泡后,从袋中取出需要的部分进行套袋,将其余的继续放在塑料袋中扎口保存。在塑料袋中,小袋的柔软性将保持 10 天以上。套小袋时,如果花瓣、雄蕊和雌蕊等附在果实上,则容易使果萼处产生果锈,因此,务必去除后再进行套袋。然后再用右手的食指和中指将小袋撑开,将幼果置于小袋的中央,收缩袋口,并将袋口扎紧。扎口时,要避免扎口的钢丝朝向果实,以免果实膨大后果面被刺伤。

120. 应给黄金梨套什么样的 大袋? 怎样套?

(1)大袋选择　必须采用双层防水、防菌袋,以外黄内浅黄或外黄内白者为佳,但外黄内白袋套出来的效果,不如外黄内浅黄套出来的效果好。外黄内黑或外灰内黑的果袋所套出的梨果,果色太白,出口时会受到限制,一般情况下不宜采用。双黄大袋的规格一般为(160～162)毫米×198 毫米,或 165 毫米×198 毫米(表 16)。

(2)套袋时间　一般在套小袋结束后 30 天,即谢花后 45 天进行。在山东省的胶东地区,一般在 6 月初开始,6 月上中旬结束。最好在 15 天内结束。

(3)套前喷药　在山东省胶东地区,一般开始于 5 月中下旬。这段时间是梨木虱处在第一代成虫羽化盛期;康氏粉蚧第一代若虫孵化,在树皮缝内的幼嫩组织处寄生。这时虽然黑星病、黑斑病不是发病盛期,但是也要兼防。杀虫剂,可以选用 20%的杀灭菊酯乳油 3 000 倍液,或是 1.0%的虫螨光乳油 3 000～4 000 倍液,10%的吡虫啉可湿性粉剂 1 500～2 000 倍液。杀菌剂,可以选用 70%的甲基托布津可湿性粉剂 1 000～1 500 倍液,或 3.0%的多抗霉素水剂 600 倍液。

(4)套袋操作 套大袋时,与套小袋一样,也需要进行湿口处理。在套大袋前 2～3 天,用塑料盆或其他器皿盛满水,将果袋口向下,使圆弧切口向前,将袋子口部向下一个一个地顺序浸入水中,深度不超过 4 厘米。湿口后,将袋口向上,装入原来盛大袋的纸箱中,上覆 10 张充分浸水的报纸,挤出多余的水分,再覆上一层塑料膜,盖好纸箱盖,并用铁丝或麻绳扎紧盖口。这样处理的袋口,可保持 4～5 天的湿度。

套袋时,先将纸袋撑开,右手持有钢丝一侧的袋口,左手持无钢丝一侧的袋口,让果实处在纸袋中央。然后使右手一侧袋口呈凹状,左手一侧袋口呈凸状,将左手一侧袋口插入右手一侧袋口,捏紧袋口,并将右手袋口钢丝向左侧折叠,卡封好袋口,使之松紧适度。

表 16 梨果袋的规格及适宜的砂梨品种

规格(mm)	果袋特点	适 宜 品 种
73×106	白色,单层蜡纸小袋	绿皮梨花后 10 天使用。抑制果锈、果点,防菌,防虫,增加果面光泽
(160～165)×190	外黄内浅黄,双层大袋	适宜黄金、新世纪和金廿世纪等绿皮梨品种
(160～165)×198	外黄内浅黄,双层大袋	适宜水晶(新高芽变)、黄金和早生黄金等绿皮梨品种
(160～165)×190	外灰内黑,双层大袋	适宜南水、爱甘水、丰水和幸水等褐皮梨品种
(160～165)×198	外灰内黑,双层大袋	适宜新高、圆黄、华山、秋黄、鲜黄和新兴等褐皮梨品种
(160～165)×198	外灰内红,双层大袋	适宜新高、圆黄和华山等褐皮梨品种

121. 怎样管理果实套袋黄金梨树?

对果实套袋的黄金梨树,应做好以下管理工作:

(1)病虫害控制 山东省胶东地区一般在6月上旬(麦收前)结束套大袋工作。此后病虫害控制的重点,为黄粉蚜、康氏粉蚧和梨木虱,兼防梨黑星病(发病高峰在7~8月份)与梨黑斑病(发病高峰在7月下旬至8月上旬)。

对黄粉蚜及梨木虱有效的药物,有1.0%的阿维菌素乳油3 000~4 000倍液,10%的吡虫啉可湿性粉剂1 500倍液;对康氏粉蚧有效的药物,有30%的绵蚜康氏净乳油1 500倍液,40.7%的毒死蜱乳油2 000~3 000倍液;对螨类有效的药物,有20%的三唑锡悬浮剂1 000~2 000倍液,20%的螨死净悬浮剂2 000~3 000倍液。杀菌剂可以选用50%的多菌灵可湿性粉剂600~800倍液,10%的杀菌优水剂600倍液,交替使用。此期喷药于9月中下旬结束。

(2)肥水管理 6月下旬以后,大部分地区开始进入雨季,黄金梨在此时期如果遇到湿度过大的环境条件,会导致水锈发生严重。要注意提前整修排水设施,加强排水,降低地面湿度。到8月中旬,黄金梨开始进入第二次果实速生期。在这之前的7月下旬或8月上旬,要注意增加钾肥的施用量。施钾肥后要及时灌水,以利于果实膨大。

(3)其他管理 套完大袋后,要随时检查袋口的封闭情况。对袋口密封不好的,要随时加以整理,防止漏水而产生水锈,或病虫侵入。8月份以后,要检查袋子是否完整,对因果实太大而撑裂果袋的,要及时修补或掉转至背阴面,防止果面色泽老化。对结果较多的枝,为防止果枝折断,要及时进行吊绑和支撑。

122. 药肥双效型生物制剂甲壳丰
有何特性? 如何使用?

(1)作用特点 甲壳丰又称934增产剂。甲壳丰是以海洋生物(虾、蟹外壳)中富含的甲壳质为主要原料,经科学深加工而制成的一种药肥双效型生物制剂,其有效成分壳聚糖含量≥30克/升。该药具有良好的成膜性,能够抵御不良环境因素的侵害,增强植物的抗逆性,防寒,抗冻。提高作物的免疫力,诱导植物体产生对病原菌及病毒的防护机构,使植物表现出极强的抗病及抗病毒能力。平衡营养分配,双向调控,强力保花保果,有效地防止裂果。在叶面上喷布,可以被植物迅速吸收利用,叶片增厚,叶色浓绿,光合作用明显提高。一般情况下可以使果实提早成熟3~7天,增加果面的光洁度,并可以使含糖量增加0.5%~1.2%,增产幅度明显。

(2)使用方法 在黄金梨花前及落花后,用甲壳丰600~800倍液对树体各喷施一次;在幼果期用800~1 000倍液进行叶面喷施;在果实膨大期用甲壳丰800~1 000倍液进行叶面喷施。

123. 抗病增产剂天达2116
有何特性? 如何使用?

(1)作用特点 天达2116植物细胞膜态剂,全名为"复合氨基低聚糖农作物抗病增产剂",是一种广谱、高效、抗病及增产制剂。它以海洋生物提取的活性物质低聚糖为主要原料,应用保护细胞膜和调控内源激素的原理,配以23种其他成分,采用螯合工艺研制而成。天达2116分为多种类型。在黄金梨生产上常用其果树专用型。秋季使用,有利于养分回流,促进根系的养分积累,有利于花芽饱满充实,提高越冬抗旱、抗寒、抗风能力,为下一年果树的生长发育、开花结果打下良好的基础。春季使用,可以对萌芽、开花、授粉有良好的促进作用,强化对"倒春寒"的防御能力,提高坐果率。

(2)使用方法 在黄金梨上使用时,一般采用喷施法,每25克(1袋)对水15升。当天稀释,当天用完,不要过夜使用。一般每667平方米的面积,一次用2～3袋。

七、整形修剪

124. 黄金梨的整形修剪原则是什么？

要科学进行黄金梨整形修剪,就必须掌握以下几个原则:

(1)有形不死,无形不乱;因树修剪,随枝作形 这是果树整形修剪的总原则,也是黄金梨整形修剪应遵循的原则。

在整形修剪时,要做到讲究树形,而不死搬硬套;在幼树期可以不片面追求树形,但不可以使树体结构紊乱。由于黄金梨存在砧木、土壤和树龄等条件的差异,其生长结果状况也千差万别。就是同一砧木、同一年龄时期、同一地块的黄金梨,也会因外界环境条件的不同,而出现长势(强弱)和结果(多少)不一的现象。所以,因树修剪,随枝作形,就是根据其不同表现而提出的。在修剪黄金梨时,既要有事先预定的计划,又要看树的长相,随树就势,诱导成形,绝对不可以死搬硬套,机械作形而造成失误。

(2)统筹兼顾,长远规划 修剪是否合理,对幼树生长好坏、结果早晚、盛果期年限的长短和产量的高低,都有一定的影响。因此,要统筹兼顾,全面安排。在幼树期,要做到既生长发育良好,又要早结果,多结果,做到生长结果两不误,使树体尽可能地延长盛果期的年限。若只顾眼前利益,片面强调早果性、多结果,会使树体结构不良,长势偏弱,不利于以后产量的提高。相反,如果片面强调树形,忽视早结果、早丰产,这也是不对的。树体进入盛果期后,仍然要做到生长结果两不误,不要片面强调高产,以免引起营养生长不良,造成大小年结果现象的发生,缩短盛果期的年限。

(3)以轻为主,轻重结合,灵活掌握　在修剪量和程度上,总的要求是以轻剪长放较为适宜。尤其是在幼树时期以及初果期,适当轻剪,多留枝条,能有利于长树,扩大树冠。而且可缓和树势,达到提早结果和实现早期丰产的栽培目的。对各级骨干枝的延长枝,必须按照树形的要求进行短截,使其抽生旺枝和角度良好的分枝,以便培养出坚挺的各级骨干枝和结果枝组。对辅养枝要轻剪或缓放,以利于早期结果,增加产量。

(4)均衡树势,从属分明　无论采用什么样的树形,在同一株树上,同一级次骨干枝的生长势应当相近或一致,避免一侧骨干枝旺盛,而另一侧骨干枝衰弱的现象发生。

具体操作时,要抑强扶弱,正确促控。黄金梨的顶端优势较强,往往出现上强现象。若树体上部过于强旺,而下部过弱,应抑上促下。若骨干枝的前部过于强旺,后部过弱,则应控前促后,均衡树势,从属分明。总的意思是,使树体上下、左右的生长势均衡,尽量避免失衡;中心干与主枝、主枝与侧枝、侧枝与结果枝组间,主次分明,从属关系明确。因此,在修剪时,从属枝条必须为主导枝条让路,绝对不能出现喧宾夺主的现象。

总之,在整形修剪时要做到,既有利于健壮树势,又有利于提早结果,丰产稳产,还有利于生产优质果品,保持长期的良好经济效益,并适应当地的环境条件。

125. 黄金梨整形修剪的 "五个依据"是什么?

在掌握黄金梨整形修剪原则的基础上,还必须依据下列因素,做到如下"五个依据",才能发挥整形修剪应有的作用。

(1)依据品种特性 黄金梨萌芽率高,成枝力弱;中长枝分化能力强,中短枝转化能力弱。中长枝缓放后,能形成大量短枝;而中短枝转化为长枝的能力较弱。这就是黄金梨修剪要前轻后重的根本原因。黄金梨的幼树期间,大多以腋花芽结果为主,修剪时要用短截的方法来促发新梢,以尽快形成较大的枝叶量,提高产量。结果以后,要对过于冗长的结果枝及时进行回缩,以防止结果部位外移,造成内膛空虚,后期产量下降及果个变小。

(2)依据树龄和树势 黄金梨幼树的修剪要轻剪长放,多行拉枝、摘心、缓放和短截等技术措施,少用疏除和回缩等。进入结果期以后,要多用疏除和回缩等剪法,少用缓放和拉枝等剪法。到了衰老期,为了延长结果年限,要多用回缩更新的剪法,恢复树势。

(3)依据地力和环境条件 地力较好的地块,树势一般较旺,所以要多行缓势修剪。所谓缓势修剪,就是采取减缓树体长势的剪法,即多用拉枝、缓放、疏枝、环割、摘心和绞缢等技术措施。地力较差的地块,一般树势较弱,应多采用促势修剪。所谓促势修剪,就是要采取促进树体长势的剪法,即多进行短截和回缩,少进行拉枝和缓放,以及其他缓势修剪的方法。

(4)依据修剪反应 修剪反应是果树修剪的重要依据,也是判断修剪是否正确的重要标准之一。修剪反应一般从两个方面来看:一是看局部反应,即某一枝条短截或回缩后,在剪口下看萌芽、抽枝、结果和花芽形成的表现;二是看整体反应,即修剪后看全树总的生长量,新梢长度,枝条的成熟度和密度,花芽形成的多少,果实的产量和质量。依据修剪反应来明确修剪方法及技术措施、修剪的轻重程度是否正确,从而进一步进行正确的修剪。

(5)依据管理水平 梨树的整形修剪,必须与管理水平相结合。整形修剪的作用,在管理好的梨园能得到很好的体现。不同的栽培模式,需要不同的整形修剪方法,修剪的轻重程度也不尽相同。如密植园片需要较小的冠径和较矮的树冠,而稀植的园片则需要较大的树冠和较高的冠径。总之,只要根据不同的条件来进行不同的整形修剪,就会达到较好的结果。

126. 如何利用修剪措施调节 黄金梨树体与环境的关系?

黄金梨整形修剪的重要任务,就是充分合理地利用空间和光能,调节树体与温度、土壤和水分等环境因素之间的关系,使其能适应环境,而环境更有利于树体的生长发育和高产稳产。

根据环境条件和黄金梨的生物学特性,合理地选择适宜的树形和修剪方法,有利于树体与环境的统一。在春季常有晚霜危害的地方,要适当将苗木高定干为 80～100 厘米和多留腋花芽。在风力较大的沿海地区进行黄金梨栽植,要尽可能地采用网架整形,以有利于抗风。

在调节梨树与环境的关系中,最重要的是改善光照条件,增加光合面积和光合时间。植物体中 90% 以上的有机物质来自光合作用,光合作用条件的好坏,直接影响到产量和品质。果农中有"没有水路不长树,没有光路不结果"的说法,是很有道理的。所以,在整形修剪中一定要合理采用树形,打开光路,改善内部和下部的光照条件,使树体上下内外都结果。否则,仅是树体表面结果,结果部位外移,产量不高。

科学增加栽植密度,采用小冠树形,有利于提高光能利用率,表面受光量增大,叶幕厚度便于控制。但是,如果密度过大,株行间都交接,同样也会在群体结构中形成无效区。此外,通过开张角度,注意疏剪,加强夏季修剪等,均可改善光照条件。

127. 如何利用修剪措施调节黄金梨树体各部分的均衡关系?

(1)用修剪协调树体的整体生长 地上部与地下部存在着相互依赖、相互制约的关系,任何一方增强或削弱,都会影响另一方的强弱。地上部剪掉部分枝条后,地下部比例相对增加,对地上部的枝芽有促进作用;若断根较多,地上部比例相对增加,对其生长会有抑制作用;地下部与地上部同时修剪,虽然能相对保持平衡,但对总体生长会有抑制作用。

冬季修剪是在根系和枝干中贮藏养分较多时进行的。对于幼树和初果树,由于修剪减少地上部枝芽总数,缩短与根系之间的运输距离,使留下的枝芽相对得到较多的水分和养分,因而对地上部的生长表现出刺激作用,新梢生长量大,长梢多。但对树的整体生长则有抑制作用,因为修剪使其发枝总数、叶片数和总叶面积都减少,进而对地下部根系的生长也有抑制作用。

(2)用修剪协调营养器官与生殖器官之间的均衡 生长与结果是梨树整个生命活动过程中的一对基本矛盾,生长是结果的基础,结果是生长的目的。从梨树开始结果,生长和结果长期并存,二者相互制约,又相互转化。修剪是调节营养器官和生殖器官之间均衡的重要手段。修剪过重可以促进营养生长,降低产量;过轻有利于结果,而不利于营养生长。合理而科学的修剪方法,既有利于营养生长,同时也有利于生殖生长。在梨树的生命周期和年周期中,首先要保证适度的营养生长,在此基础上促进花芽分化、开花坐果和果实发育。

(3)用修剪协调同类器官间的均衡 同一株梨树上同类器官之间也存在着矛盾。骨干枝之间会有强弱之分;一株树上会有上强下弱或上弱下强的不同;同一骨干枝可能出现先端强后部弱或先端弱而后部强等不协调情况。科学修剪就是要解决这些矛盾,比如同一骨干枝出现前后生长不均衡时,可以采取控前促后或控后促前的方法来处理。

128. 如何利用修剪措施调节黄金梨树体的生理活动?

(1)用修剪调节树体的营养和水分状况 许多试验表明,冬季修剪能明显改变树体内的水分、养分状况。日本对长十郎梨不同修剪程度的试验结果表明,短截修剪比不修剪,重短截比轻短截,新梢中的含水量和全氮含量都有所增高,淀粉和全碳水化合物含量则有所减少。这就说明重剪可以活跃树体的功能,对新梢有促进作用。但从全氮的年变化看,新梢生长量前期高,后期反而有减少的趋势。

(2)用修剪调节树体的代谢作用 酶在植物代谢中十分活跃,修剪对酶的活性有明显的影响。地上部修剪对叶片中的过氧化氢酶的活性,生长初期表现强烈,生长后期作用减弱,而对根系则多数起抑制作用。

(3)用修剪调节内源激素的数量与作用 内源激素对植物生长发育、养分运输和分配起调节作用。不同器官合成的主要内源激素不同,通过修剪改变不同器官的数量、活力及其比例关系,从而对各种内源激素发生的数量及其平衡关系起到调节作用。

夏季摘心去掉了合成生长素和赤霉素多的茎尖和幼叶，使生长素和赤霉素含量减少，相对增加细胞分裂素含量，因而促进侧芽的萌发，有利于提高坐果率。

环剥与环割可以明显控制生长而促进花芽分化，阻滞生长素向基部运输，乙烯增多，脱落酸积累上升。

将枝条拉平或弯曲时，枝条内乙烯含量增加，而且出现分布梯度，近先端处高，基部低，背下高而背上低。所以，生长缓慢，向下的芽不易萌发，而背上的芽易出旺条。

129. 黄金梨树与整形修剪
相关的特点有哪些？

(1)顶端优势与干性表现较强 黄金梨的中心干及主枝延长枝，常常生长过强，上升及延伸过快，树冠易出现上强下弱的现象。主枝上由于延长枝生长过快，主侧枝间易失去平衡，甚至不能培养出侧枝；容易出现前旺后弱，前密后空。因此，在修剪时要对中干延长枝适当重截，并及时换头，以控制上升与增粗的过快。

(2)定植后第一年长势弱 黄金梨（包括大部分梨树品种）往往一年选不出 3~4 个主枝，需要对所留下的枝条进行偏重的短截。如果修剪过轻，则长势偏旺，其他的主枝则不好选留。中干延长枝也要重短截。这样可以选留一部分第一年没有留好的主枝，与上一年选留的主枝相距不远，长势也差不多。对其他未选留的枝要拉枝开角，使之形成较多的枝叶量，早结果。当影响到主枝延伸时，要用截、缩、疏的修剪方法来处理。

(3)幼树期发枝量少 黄金梨的幼树整形修剪，要尽量少疏枝或不疏枝,多行拉枝和甩放。拉枝以后要注意每年进行梢角开张。如果梢头上翘,则易出现前强后弱,内膛光秃。延长枝要适当短截,使主枝和侧枝多发枝,不要单轴延伸过长,力求增加枝量,扩大开张面。短截时应在饱满芽前的1～2个弱芽处进行,这样发芽多而均匀,后部萌发的短枝也壮实。

(4)结果枝组大多是单轴延伸 在修剪时,要尽量多运用短截的方法,使其多发枝,枝组呈扇形面展开。在结果以后,要及时地运用回缩方法,使其形成比较牢靠、紧凑的结果枝组。对中心干上的辅养枝、主枝基部的枝条要多留,要按照"逐步进行,分别培养;有空就留,无空则疏;不打乱骨干枝结构"的原则来进行。

(5)枝条萌芽率高,成枝力较低 黄金梨长枝缓放后,除基部盲节外,绝大部分芽眼都能萌发。萌发后,多数形成短枝或短果枝,中枝或中、长果枝较少。黄金梨枝条短截后,多发生两个长枝,少数抽生三个长枝。因此,在修剪时要注意对幼树促生分枝,以便选择和培养主枝和其他骨干枝。对骨干枝的延长枝,要"逢二去一,逢三去一,截一留一"。同时,要注意运用缩剪来控制结果部位外移,以利于树体的发育和稳产。

(6)隐芽寿命长 经修剪刺激后,隐芽容易萌发抽枝有利于更新。尤其是老树或树势衰弱以后,大的回缩或锯大枝以后,非常易萌发新枝。这是与苹果的不同之处。

(7)长枝有春、夏梢,但没有秋梢 黄金梨的长、中、短枝的划分与苹果基本相似,但也有所不同。长枝是在中枝的基础上,又生长了一段时间,在6月下旬以前停止了生长。这段新梢虽然与苹果的秋梢相似,但因它是在5月下旬至6月下旬生长的,所以称为夏梢。无论是春梢上的芽,还是夏梢上的芽,都非常充实。这一点也与苹果有所不同,修剪时要充分注意。

(8)新壮枝结果好,老弱枝结果差 黄金梨的1~2年低龄强壮结果枝,坐果率高,果实个头大,品质极佳。而3年生以上老弱结果枝所结的果实,个头小,品质差。因此,在修剪时,要注意采取频繁更新结果枝的方法,复壮其结果能力。

(9)中、短枝转化能力弱,分化能力强 黄金梨与白梨系统品种比较,它的中、短枝转化能力较弱,但长枝分化成中、短枝的能力较强。黄金梨中、短枝极易形成花芽结果。结果后,抽枝更短。经过多年演化后,即形成短果枝群,这些弱短枝的转化能力更弱。修剪时,要对延伸过长、结果多年的长轴结果枝组适当进行回缩,逼迫其抽生新枝,提高其中、短枝的转化能力。对已经分化为中、短枝的长枝,要及时进行"齐花剪",阻止其连续延伸过长,以防止以后更新困难。

(10)干强主弱,主强侧弱 黄金梨在幼树期间,常常出现中干粗壮、主枝细弱和主枝强壮、侧枝细弱的现象。因此,在整形修剪时,要贯彻抑强扶弱、以扶弱为主的原则,对干强主枝弱的,要重截中心干延长枝,轻截主枝延长枝,适当扶持侧枝的长势,以解决好主次生长不均衡的问题。

130. 怎样进行黄金梨
休眠期的树相判断?

在黄金梨的休眠期,可采取以下方法进行其树相的判断:

(1)碘化钾染色法 梨树落叶后,取当年枝条(粗度为0.5~1.0厘米)和老化的根,切成薄片。先点上革兰氏溶液,然后滴上5%的碘化钾溶液进行染色。从染色深浅的程度上来判断树体贮藏养分的多少。颜色越深,贮藏的养分越多,树势越壮;颜色越浅,贮藏的养分越少,树势越弱。

(2)枝条外观察法 大多数的当年生枝条粗壮而有明亮的光泽,枝条的尖削度(枝条下粗上细相差的程度,称为"尖削度"。相差大的,尖削度大;相差小的,尖削度小)越小,说明枝条贮藏的养分越多。尖削度越大,而且枝条的先端有绒毛,芽体瘦小,说明养分贮藏的越少。

(3)枝条弯曲比较法 将树体外围的发育枝进行弯曲比较,曲部偏于先端部分,说明枝条贮藏的养分多。越靠下部弯曲的枝条,养分贮藏得越少,即使这种枝条粗壮且数量多,也不能说明贮藏的养分多。

(4)手感观察法 用果枝剪短截粗度和部位相同的枝条,手感费力,硬度较大,木质部白色、厚、髓心小而充实,说明枝条贮藏的养分多,树势强壮。反之,修剪时感觉枝条软而省力,木质部为绿色,层薄,髓心大而松软,则说明枝条贮藏的养分少,树势较弱。

(5)花芽观察法 整个树体花芽适量,有50%左右的芽是花芽,而且花芽饱满充实,鳞片光滑,包得紧密,有光泽,色较深,用手握有紧实感,说明树体贮藏的养分多,树势健壮。反之,花芽过多或过少,膨松,有绒毛,鳞片有光泽但颜色浅,表明贮藏的养分少,树势较弱。

131. 怎样进行黄金梨
生长期的树相判断?

在黄金梨的生长期,可采用以下方法进行树相的判断:

(1)发芽叶色表现 生长健壮的黄金梨树在春季发芽时,所萌发的芽先是浓赤色,且保持的时间也比较长,后转变为绿色。赤色(花青素)是配糖体的一种表现,只有在树体内存有充分数量的糖时才能出现。赤色保持的时间越长,说明树体内贮藏的养分越多。氮素不足时,虽然发芽时也表现为赤色,但叶片小而且薄,赤色在展叶后不久即消失,转为绿色的进度极慢。

(2)发芽大小表现 据日本研究,梨树在展叶后最初出现的小叶称为豆叶。豆叶的大小与贮藏养分的多少有密切的关系。豆叶的大小最能代表树体的营养水平,因为它的大小与贮藏的营养的多少成正比,而且不受修剪强度与春季施肥情况的制约。

(3)开花表现 贮藏养分多的树,在开花时花序周围至中心渐次增高,花序呈圆锥形;而贮藏养分少的树,在开花时花序平齐。贮藏养分多的树花粉发芽率高,贮藏养分少的树花粉发芽率低。

132. 进行黄金梨修剪时,正确
判断树相应该做到哪"四看"?

修剪不仅仅局限于冬季进行。在黄金梨树的栽培管理中,修剪工作始终贯穿于年生长周期中。在进行修剪时,要正确判断树相,就要做到以下"四看":

(1)看春季叶色的浅深 春季梨树发芽后,幼叶转色快,并且很快变成油绿色;同时长枝基部的叶片和中短枝的叶片大而叶色深,说明贮藏的养分多,是壮树的表现。这种黄金梨树发芽整齐,花序大而完整,花朵数多。一般每个花序有花朵8~15个,而且花器完整,柱头水嫩,花器寿命长,坐果率高。反之,萌芽后叶色迟迟不变,叶片又嫩又黄,长枝基部及中短枝的叶片少而小;开花后,花朵瘦小,花下叶片少而小,这种现象是树体贮藏养分少的表现。

(2)看新梢停止生长的情况 在夏季,由于黄金梨树受生长发育特性所决定,一般情况下其新梢应及时停止生长。先是中短梢停止生长,后是长梢停止生长,而且停长后长枝上的叶片大而颜色浓绿。这种现象是树体贮藏养分多的表现。反之,在初夏已经停止生长的中短枝又开始萌发,形成夏梢,长梢却迟迟不停止生长。这是树体贮藏养分少的表现。

(3)看秋季的叶片颜色 秋季梨树的枝叶已经停止生长,是树体贮藏有机质的关键时期。这个时期的叶片应该是大而厚,叶色深绿,完整而不脱落。这是树体营养水平高的表现。反之,叶片稀少而小,叶片也薄,且有早期落叶的现象,这是树体营养水平低的表现。

(4)看冬季枝芽情况 冬季修剪时,如果所修剪的黄金梨树上的长枝较细,尖削度大,枝条的硬度小,芽体瘦小,鳞片无光泽,而且有绒毛,这是树体贮藏养分不足的表现。反之,枝条的硬度大,尖削度小,枝条粗壮,芽体大而有光泽,鳞片无绒毛,这是树体贮藏有机、无机养分多的表现。

通过以上"四看",可以判明黄金梨树的树相强弱,从而实施适度的修剪,为黄金梨的优质丰产创造条件。

133. 目前适宜黄金梨的树形有哪些?

适宜黄金梨树整形修剪采用的树形,有以下三种:

(1)主干疏层形 主干疏层形梨树干高60～80厘米,主枝疏散分层排列在中心干上。第一层有主枝3～4个,第二层有主枝两个,第三层有主枝1～2个。第一层主枝与第二层主枝的层间距为80～100厘米,第二层主枝与第三层主枝的层间距为40～60厘米。主枝上着生侧枝,主侧枝上着生结果枝组。选留主枝时,要注意主枝的基角应不小于45°。基角过小,即使大量结果后,也无法令其开张角度。但是,基角过大,主枝生长势易转弱,会妨碍梨树的丰产和稳产。完成整形后,梨树高不应超过 5 米。这种树形骨架结构稳定,通风透光条件好,幼树修剪轻,成形快,结果面积大,单株产量高,经济结果年限长。

(2)纺锤形 该树形适宜密植梨园采用,是目前黄金梨整形修剪采用较多的丰产树形之一。纺锤形梨树,干高 40~50 厘米,树体高度为 2.5~3.5 米,中心干直立、粗壮,有绝对的中干优势。骨干枝长 1~2 米,在中心干上呈螺旋形均匀排列,共有 12~15 个,骨干枝间距为 30~40 厘米,不分层次。骨干枝角度为 60°~80°。骨干枝上不留侧枝,单轴延伸,直接着生中、小型结果枝组,一个骨干枝就是一个筒状结果枝群。该种树形目前在密植丰产园中采用较为广泛。它树冠紧凑,通风透光好,有利于早结果、优质和丰产,5 年生的梨园每 667 平方米的产量可以达到 4 500 千克以上。

(3)二层开心形 又称为主干疏层延迟开心形。它具有主干疏层形和自然开心形两种树形的优点。二层开心形梨树,干高 50~60 厘米,有两层主枝,共 5 个。第一层有 3 个主枝,第二层有两个主枝。第一层主枝开张角度为 60°~70°,第一层主枝与第二层主枝的层间距为 80~100 厘米。第一层主枝的每个主枝上有 3~4 个侧枝,侧枝上着生结果枝组。第二层主枝与第一层主枝要相互错开,错开角度为 50°~60°,每个主枝上有 1~2 个侧枝。全树高度为 3 米左右。该树形目前一般用于密植梨园的后期改造。

134. 黄金梨网架栽培适宜树形有哪些?

适宜黄金梨网架栽培的树形,主要有以下两种:

(1)改良"十"字形 该种树形近几年在山东省胶东地区

广泛采用,它是在日本平顶架整形的基础上,根据我国的实际情况改良而来的,适宜黄金梨等大多数砂梨品种采用。其整形修剪步骤为:第一年定干高度为 80 厘米,留 3～4 个主枝,形成第一层主枝。第二年对中干延长枝留 60～70 厘米 短截,并选留 4 个主枝,呈"十"字形分布,形成第二层主枝。结果后,用竹竿把主枝绑缚固定,以免被风吹折主枝。3～4 年后,把第一年留的第一层主枝锯掉,只留第二层的 4 个主枝,并设平顶架距地面 2 米左右,把留下的 4 个主枝引绑到水平架上,这样干的高度就达到 150 厘米左右。这种改良"十"字形,在定植的第二年就可以结果,前期产量高,后期也丰产,并且果品的质量也高。它的不足之处,就是后期修剪量大,需要年年疏除背上枝。

(2)改良"V"字形 该树形近几年在山东省胶东地区广泛采用。是由韩国拱棚架整形改良而来。改良"V"字形梨树,干高 60～70 厘米。其整形修剪过程如下:定植第一年,把第一株中干拉向行间,成 70°角,选留 3～4 个骨干枝;第二株拉向第一株的反方向,也选留 3～4 个骨干枝。这样,第一株与第二株呈大"V"字形。其他株依此类推。第二年,设拱棚架,宽 5～6 米,高 2.5～2.8 米,把选留的 3～4 个骨干枝绑缚在拱棚外。以后每年及时进行短截和回缩,保持树形的稳定。这种树形适宜成花容易、枝条较软的砂梨品种,如黄金梨等采用。这种树形的梨树,早期产量高,抗风,果实品质好。其不足之处就是后期修剪量大,需要进行大量的夏季修剪工作,以清除因中干角度倾斜而萌发的大量斜生背上枝。

135. 什么叫短截? 如何进行?

短截,又称为剪截。它是把枝条适当地剪去一部分的修剪方法。其主要作用是刺激侧芽萌发,使其抽生新梢,增加枝叶量,保证树体正常生长结果。在黄金梨整形修剪中,可以短截的枝条有中干、主枝、侧枝延长枝和有空间的发育枝,以及大型枝组中的中长枝等。

依据截去枝的长度,短截可分为四种。①轻短截,剪去枝条全长的 1/5~1/4;②中短截,剪去枝条全长的 1/3~1/2;③重短截,剪去枝条全长的 2/3~3/4;④极重短截,在基部仅留 1~2 个芽的剪截,这种方法在梨树修剪上一般不用。因为梨树的枝条基部一般没有芽眼,这也是与苹果修剪的最大区别之一。

对一年生枝短截,由于减少了芽的数量和枝条的长度,在春季发芽后,保留的枝条能得到较多的水分和养分。所以,短截能刺激剪口下一段枝条上的芽萌发,并抽生较多的比原来生长势更强的新梢。因此,对一年生枝条短截,有提高萌芽率和成枝力,以及促进新梢生长势的作用。同时,由于短截减少了芽的数量,所以发枝的总数有所减少,总叶片数和总叶面积,都比不剪的要少。由于叶面积减少,全年的叶片同化营养物质也相应减少。所以,短截有减少枝条生长量的作用;短截越重,减少量也就越大。

在长枝的夏梢中部进行短截,抽生长枝数量最多,但长势较弱,顶端优势有减弱的现象。在长枝的春梢中部进行短截,由于品种和生长势的不同,对修剪的反应也不一样。一般成枝力低的品种,其成枝力往往比在夏梢中部短截的成枝力也低,顶端优势明显。成枝力高的品种,其成枝力往往不如在夏梢中部短截的高,但是短截后萌发的长枝生长势较强。如果在春梢的中下部短截,成枝力往往更低,顶端优势也更为明显。因此,梨树短截得重了,短枝减少的也多了,也不利于营养物质的积累。由于短截对营养积累不利,所以对成花有不利的影响。无论是长枝,还是中枝,短截越重,成花也越难。

对于在何时、何地,采用何种短截方法的问题,一定要根据梨园的地力、品种、树龄、树势和枝条等因素来确定。黄金梨幼树一般要求轻剪,以轻短截、少疏除为主。一般在结果枝上不采取中短截,结果枝和发育枝一般要缓放不剪,而延长枝则视具体情况,可以采取中、重短截,竞争枝和过旺的枝条要采取重短截或疏除。

136. 什么叫疏枝? 如何进行?

疏枝又称为疏间、疏剪、疏除,就是将枝条从基部彻底剪去。可以进行疏枝的枝条,包括内膛徒长枝、背上枝、直立枝、竞争枝、枯死枝、病虫枝、重叠枝、并生枝、轮生枝和鸡爪枝等不宜利用的枝条。

按疏剪的轻重程度,疏枝可以分为以下三种:①轻疏,即疏去全树枝条总量的 10%;②中疏,即疏去全树枝条总量的 10%~20%;③重疏,即疏去全树枝条总量的 20%以上。疏枝也要按品种、长势和地力等情况来具体实施。一般幼龄树、初果树轻疏;进入结果期以后,一方面要结果,另一方面要促进枝条的生长,所以要多行中疏;盛果期的大树,一般对过强、过旺的枝条要重疏;进入衰弱期后,由于细弱结果枝较多,所以对这些枝要重疏,以促进其营养生长。

疏枝,对被修剪的母枝有削弱长势的作用,对剪口下的分枝有增强长势的作用,对剪口以上的枝条,有时有增强长势的作用,有时有削弱长势的作用,是削弱还是增强,要根据被疏除的枝条的长势强弱、角度大小及剪口大小等因素来确定。若被剪枝条的长势弱或角度较小,而剪口以上的枝条长势较强时,疏除弱枝后,对剪口以上的枝就有促进作用,或是没有明显的削弱作用。反之,被疏除的枝条角度大,长势较强且又粗壮,而剪口以上的枝条长势又不强时,疏枝后对剪口的上部就有明显的削弱作用。疏枝对整个树体的关联作用,一般与疏枝的部位有关。当顶端优势的作用大于疏枝剪口的作用时,可以增强疏枝剪口部位以上的长势。反之,就会削弱疏枝部位以上枝条的长势。对中干较高、生长量较大、长势较强的树,当疏除中干上的辅养枝或顶端延长枝剪口下的分枝时,虽然可以削弱中干的生长量,但却能增强延长枝的长势。而对角度大的主枝,在前端疏枝时,就往往有削弱延长枝生长势的作用。

疏枝有促进花芽分化的作用。在疏除部分长枝的同时,对其余的长枝进行轻剪和缓放,促进花芽分化的效果更加明显。由于疏枝可以增加前期的营养物质积累,改善树冠内的通风透光条件,因此,有利于花芽分化和果品质量的提高。

137. 什么叫回缩? 如何进行?

回缩又称缩剪,是指在多年生枝上,留一个健壮的分枝后,将前端枝剪除的修剪方法。黄金梨进入结果期后,新梢的生长逐渐减弱,所发的枝大多为短枝,并出现枝条下垂,为复壮树势及提高果实品质,就必须对这些枝条进行回缩修剪。

回缩的对象为已经交叉、重叠的枝条,已经下垂的结果枝,冗长结果枝,延伸过长的单轴枝组,过于高大的结果枝组,过于密集的枝条,需落头的中央领导干,需要复壮的弱枝等。

为了开张骨干枝的角度,可以在位置适当、角度适宜,而且具有生长能力的分枝处进行回缩。为了防止骨干枝单轴延伸过快,防止内膛光秃,可以在骨干枝先端的适当部位进行回缩。为了防止结果枝组前强后弱,提高坐果率,可以在结果枝组先端的适当部位进行回缩。

回缩虽然有上述作用,但是如果运用不当,也很难收到预期效果。当剪口过大,被回缩枝条的枝龄过大、枝条越粗与剪口离剪口枝的距离越近,削弱剪口的作用也就越明显。反之,枝龄越小、枝条越细、剪口离剪口枝的距离越远,削弱剪口枝的作用也就越小。在对多年生枝进行回缩,更换延长枝时,要注意留辅养枝,以免削弱剪口枝的长势。相反,为了控制辅养枝的长势,回缩时可以使剪口紧靠剪口枝。对主、侧枝的背上枝和外围枝进行回缩时,对剪口枝的促进作用比较明显。对主、侧枝中下部的两侧,背下的大、中型枝组进行回缩时,对剪口枝的促进作用往往就不明显,其促进作用会转移到被回缩枝组所在的骨干枝的背上。对树冠内膛的枝组进行回缩时,促进生长的作用也往往不明显,而对水平生长或下垂的大枝组,一次回缩过重或连年回缩时,往往容易加速这些枝组的过早衰弱。这些现象,在进行整形修剪的过程中应充分注意。

138. 什么叫缓放? 如何进行?

缓放又称长放和甩放,是指对1年生枝条放任生长,不进行任何的修剪。甩放并不是对所有的枝条而言,而是指对一部分枝条甩放不剪,多用于发育枝向结果枝的转变和结果枝组的培养。

缓放,是在黄金梨幼旺树的整形修剪上经常运用的一种方法。缓放较长的枝条,由于其顶芽延伸,侧芽一般不易萌发强枝,发短枝多,并且由于停止生长早,成花多,结果早。缓放无论对长枝,还是中枝,都有一定的减弱长势、增加生长量和降低成枝力的作用。长枝缓放以后,枝条明显增粗,长势明显减弱,中、短枝的数量明显增加,早期叶片的形成数量也多,因而有利于营养物质的积累和花芽分化。砂梨大多数品种的中枝缓放以后,由于顶芽的长势较弱,缓放后,顶芽不能继续延伸生长形成中枝,只能形成短枝而封顶,下部的侧芽也只能萌发形成短枝,这样,有利于花芽形成和早期结果。

由于梨树枝条缓放后有上述反应,为了提早结果,就应对幼树、初果期树的长、中枝,进行一定的缓放。在有空间的情况下,尽量多对一些斜生枝条和水平枝条进行缓放,可有效地促进花芽分化。对直立的枝条可以先拉平后缓放,也可以形成花芽。

缓放后的效果虽然比较明显,但是,如果对一系列的中、长枝连续进行缓放,往往会造成树冠内的枝条紊乱、枝组细长和结果部位外移等不良后果,而且对缓放后的枝条若不及时进行疏枝和回缩,任其自然生长,还会出现"枝上枝"和"树上树"。对缓放后萌发的强枝、旺枝和过于直立的枝条,要及时进行疏枝,以免长势过旺,以后改造困难。大年树要多缓放,使其多成花,在下一年多结果。弱树和小年树要少缓放,以免第二年弱树更弱。尤其是黄金梨,必须要放缩结合。否则,就会过早地出现树势衰弱,导致产量和果实品质的下降。

139. 黄金梨的夏季修剪有哪些方法? 各种方法应当怎样运用?

(1)拉　枝　在夏季,将1～2年生的枝条按整形的要求拉开。在拉枝操作时,应注意以下几个问题:一是拉绳在枝条上的绑缚不要太紧,以免造成对枝条的绞缢现象。二是拉枝对象必须是1～2年生的枝条。否则,拉枝易折断。三是拉枝要从基部拉,不能拉成"弓"形。否则易造成背上冒条。四是拉绳必须采用布条或麻绳,不可以用塑料绳,以免由于风化而造成拉绳松动或拉绳过早断裂。五是要注意拉枝角度,一般主枝角度为 60°~70°,辅养枝的角度为 80°左右。六是一般在夏季 7~8 月份进行拉枝,其他时间一般不要拉枝。因为在 7~8 月份拉枝不易冒条,而且枝条较柔软,不易折断。

(2)拿　枝　在 7 月份,当枝条已达到木质化时,用手将枝条从基部拿软,即听到响声而不破皮时为好。有的地方称这种方法为捋枝。

(3)环　剥　对生长过旺的树,用刀在枝或干的一定部位割两道,深达木质部,并剥去两道之间的韧皮部,称为环剥。这种方法在黄金梨生产中一般不采用。

(4)环　割　用刀或环割剪在梨树枝或干的一定部位,环状切割一定的道数,深达木质部。一般环割 1~3 道,具体要根据枝或干的长势来确定。这种方法在黄金梨生产中一般也不采用。

(5)目　伤　春季苗木定干后,为防止芽子不按要求萌发,可在芽的上方 0.5 厘米处用刀刻一道,深达木质部,称为目伤,又称为刻芽。

(6)绞　缢　梨树生长期,用铁丝或麻绳将枝或干的基部勒紧,随着枝或干的生长,在铁丝或麻绳缢入韧皮部时,将铁丝或麻绳取下。这种方法称为绞缢。这种方法在黄金梨生产中一般也不采用。

(7)摘　心　用手将当年新梢先端的幼嫩部分去除,称为摘心。摘心一般在新梢长至 20~30 厘米长时进行第一次。当摘心后的二次枝长至 10 厘米左右长时,进行第二次。摘心可以明显地提高黄金梨的成花率,并增加树体幼树期间的枝叶量。

(8) 抹　芽　春季发芽后,由于顶端优势和背上优势的作用,有的芽不能按要求萌发。对这类芽萌发后的嫩芽,要及时抹去,称为抹芽。抹芽对采用韩国和日本式网架栽培的黄金梨园尤其重要。由于在较大程度上改变了骨干枝的延伸方向,故背上和斜生背上芽萌发特别厉害,如不及时抹除,消耗树体大量养分不说,还会增加冬季修剪的难度和工作量。

(9) 扭　梢　5月中下旬在枝条的基部,将背上枝条扭转,使之成90°水平状态,称为扭梢。这种方法在黄金梨生产中一般不采用。

140. 怎样进行黄金梨幼树的整形修剪?

黄金梨幼树的修剪,主要是整形和以提前结果为目的。幼树要以果压树,控制营养生长和树冠过大。一条原则是一定要轻剪,总的修剪量要轻,尽量增加前期全树的枝叶量。另一条原则是要尽可能地增加短截的数量,使之多发枝,并加强肥水管理。以下以主干疏层形为例(兼顾其他树形),说明黄金梨幼树期的整形修剪技术。

(1) 第一年修剪　首先是定干,就是在定植后的第一年的春季,在苗木的适当位置进行短截。不同的树形要求有不同的干高,一般的定干高度要求在60~80厘米。具体情况具体对待。密植园要求一般在80厘米左右,稀植园要求一般在60厘米左右。由于梨树的成枝力较弱,定干后中干一般发枝较少,所以定干后一般不抹芽。但是,梨树的单个枝条生长较旺,定干后,易抽生较壮的强枝。因此,在5月下旬应及时对长枝进行摘心,以促进新梢充实和芽体饱满。夏季要扭、疏竞争枝,并在夏季7~8月份进行拉枝和拧枝,及时进行开张角度。冬季要对中心干的延长枝进行重短截,剪去枝条总长的

1/2 或 2/3 左右。其他的主枝也要进行短截,强枝行重截,弱枝行轻截。

(2)第二年修剪 春季,首先应在缺枝的地方进行目伤,以促发新梢。夏季 7～8 月份应对主枝长度超过 100 厘米的进行拉枝。冬季选上端的第一个枝条作中干,并对中央领导干上的延长枝进行重短截。梨树由于顶端优势强,很容易出现上强。如果第一枝表现过强,可以把第一个枝条去掉,留第二个枝,并行重短截,以控制上强,避免出现上强下弱,造成以后改造的麻烦。在中央领导干的下部枝条中,选角度开张、位置合适、方向正确的 3～4 个枝条,用来作第一层主枝。接着对主枝延长枝要进行短截,旺枝要重短截,弱枝要轻短截,以平衡树势。对选留的第一层主枝的剪口芽,要注意留外侧芽,以便使新梢能比较开张地向外延伸。第二芽要留在同一侧的方向,以便发枝后不交叉。疏除竞争枝、徒长枝、枯死枝和病虫枝。由于幼树发枝少,故对不影响树形和树体结构的枝条,一般不疏除,应尽量用作辅养枝,待枝量达到一定的程度后再疏除。对中庸的发育枝应缓放,对较旺的发育枝应重短截。在短截过程中,要掌握的一个原则是,不管短截的轻与重,都要在剪口下留几个饱满的芽,以利于发枝和保持优势。

141. 怎样给黄金梨初果树整形修剪?

黄金梨树自第三年开始进入初果期。这一时期修剪的总原则是既要整形,又要结果。因此,必须掌握平衡树势,轻剪长放,疏、缓、截、缩相结合的原则,做到既发展树形又提高产量,既丰产又优质,达到长远与眼前、营养与结果的最佳结合。

(1)第三年修剪 第三年的春季,先将萌发后多余的芽及时抹芽。夏季应摘心和拉枝。在冬季修剪时,基部选留的第一层主枝已基本稳定,要对主枝延长枝进行短截,短截的程度要视具体的情况而定。一般情况下,要行中短截。若主枝延长枝长势较旺,则行重短截;若主枝延长枝长势较弱,则行轻短截;若主枝延长枝长势中庸,则行中短截。在中央领导枝上,选留中心向上的健壮新枝,作中央领导枝的延长枝。若中央领导枝的延长枝生长势太强,则必须进行重短截,其下面的枝条因为与第一层主枝相距太近,原则上不留作主枝用,可以留作辅养枝。对短枝要缓放,以便使其尽快结果。

在第一层主枝上选留侧枝,应注意其着生部位。一般是第一层主枝上的第一侧枝,都应在相同的侧面,即第一侧枝都应着生在主枝的左侧或右侧。绝不能第一主枝的第一侧枝着生在左侧,而第二主枝的第一侧枝着生在右侧,这样的话侧枝间相互交叉,扰乱树形,并给以后的主、侧枝的选留造成很大的不便,影响产量的提高和丰产的稳定性。

由于黄金梨的发枝量少,在第二年未选留出第一层主枝的部位,可利用中心枝抽生的枝条再选留合适的主枝。注意其着生的角度和延伸的方向,并注意开张角度,多行拉枝、坠枝和压枝等技术手段。

(2)第四年修剪 黄金梨树生长到了第四年的时候,应该根据不同的地力、不同的树形、不同的管理技术水平等因素,来处理中央领导枝。如果采用日本水平架的,则需将中央领导枝从基部疏除,保留下面角度合适的枝条作中央领导枝的延长枝,以缓和树体的生长势。如果采用主干疏层形和韩国棚架形未达到顶部的,要继续保留原来的延长枝,可以剪留50厘米左右,并在其下选留出第二层的主枝,也就是全树的第四、第五主枝。对选留的第二层主枝,要留30～40厘米的长度短截。不宜保留的枝条,强枝要疏除,中庸枝或短枝要保留。保留的枝条要缓放或轻短截,以便及早形成较多的花芽,提高产量。

在这一年的修剪过程中,对第一层主枝的修剪与上一年的修剪方法相差不是很多,只不过要在第一侧枝的相反方向选留出第二侧枝,侧枝间的距离要保持在 40 厘米左右。上一年未选留出第一侧枝,这一年一定要选出来,选留的方法与上一年选留的方法相同。对背上枝中表现较为中庸的要破顶芽修剪,较旺的要从基部疏除。其他侧方向或下方向的枝条,只要不是很旺的,一般都可以缓放。需要疏除的枝条,有病虫枝、枯死枝、徒长枝、并生枝、较旺的竞争枝、较旺的背上枝以及较旺的直立枝等。需要回缩的枝条,有交叉枝、重叠枝和下垂枝等。因为是初果树,所以在修剪上还应该以轻为主,回缩程度宜轻不宜重。这样,既可以调控树势,解决通风透光,又可以保证树体发育和稳步地提高产量。

142. 怎样修剪黄金梨盛果期大树?

黄金梨树进入盛果期以后,树形的培养已经完成,生长发育逐渐稳定,开始大量花芽分化和结果,产量也逐步上升,这是有利的一面。不利的一面是,如果肥水条件好的话,往往形成的花芽太多,易出现结果太多,树体表现衰弱,降低了经济结果寿命。因此,这一阶段的修剪的任务是调节营养生长与生殖生长的矛盾,控制结果量,保持一定的新梢数量,维持一定的长枝、中枝和短枝的比例,以及发育枝和结果枝的比例,维持结果枝组的稳定性,调节主枝的角度和数量。

(1)保持主枝、侧枝的稳定 各主枝在盛果期的表现主要是,延长枝向上生长,造成外强内弱,修剪时要对主枝延长枝重剪或用背后枝换头,以控制主枝延长枝的上翘和旺盛生长。

如果外围枝条过多,则宜疏去过多的枝条,尤其是旺枝、背上枝和直立枝。若外围结果枝过多,则宜疏除多余的结果枝和花芽,保留主枝延长枝的上芽,以防止树体外围过弱。若主枝延长枝的头向下弯曲,则可以利用弯曲部位产生的背上枝作领头枝,原来的延长枝就成为裙枝。主枝上的背上枝组,要适当控制,防止它成为树上树,控制不了的就锯掉。疏除树膛内的徒长枝,回缩辅养枝,辅养枝无法控制的要从基部疏除。对轮生枝、交叉枝与重叠枝,可根据具体情况进行适当的处理。

当侧枝交叉、对生、重叠和齐头并进的时候,要及时进行处理。对生枝,要回缩有碍邻枝生长的部分,留下有发展空间和生长较强的侧枝。交叉枝,要看具体情况确定,若两个枝条都有空间,则要回缩已交叉的枝头,改变枝头的方向,使之向有空间的方向发展。若两个侧枝交叉后没有空间的,可疏去一个侧枝,留一个侧枝来发展。若两个侧枝并生,周围又有较大的枝组时,可以将它从基部剪除;如果周围空旷时,可将其回缩到有分枝的地方,改造成大型枝组。

(2)保持结果枝组的稳定　盛果期树的结果枝组稳定,是连年丰产和稳产的基础和保证。所以,盛果期黄金梨树的修剪目的,主要是如何稳定结果枝组的有效生产能力。对于生产能力强的枝组,要进行正常处理,使它继续结果。对于生长弱的、分枝多的、结果能力下降的枝组,要在有分枝的地方及时回缩复壮。对于衰老、结果能力下降的枝组,要及时疏除。结果枝组修剪的总体原则是:轮换结果,截缩结合;以截促壮,以缩更新。在具体修剪时,应注意结果枝、发育枝和预备枝的"三套枝"搭配,做到年年有花有果,不发生大小年,真正达到丰产、稳产的生产目的。

(3)合理配置结果枝组　要想使整个植株保持丰产和稳

产,就必须合理配置结果枝组。盛果期结果枝组的配置,一般应选大中型结果枝组、圆满紧凑枝组和两侧枝组。除此之外,还要注意处理好稀与密之间的关系。树体的通风透光条件,除了受骨干枝多少和其结构的影响外,还受枝组的多少和稳定性的影响。若枝组密度过大,则通风条件不好,影响结果和花芽分化。若枝组密度过小,虽然通风透光条件好了,但是结果部位也少了,影响产量的提高和稳定。因此,枝组的密度必须适宜,太多不行,太少也不行。枝组的稳定性也必须保证,一旦萌发较多的中、长枝,也不利于树体通风透光条件的改善。在生产中,我们会经常发现背斜和两侧的枝组比较容易控制,而背上生长的枝组不容易控制。对枝组的要求是:既要有大的,又要有小的;既要有高的,又要有低的;既要有发展的,又要有控制的;既要有长期的,又要有短期的;既要有长的,又要有短的。这样,在相同枝组数量条件下,这种枝组比大小、长度、发育程度一致的枝组,能容纳更多的结果枝量,也有利于梨果丰产。

若树势较强,结果枝组有发展余地时,就应留延长枝让其逐年扩大。在扩大枝组的时候,还应注意前后的长势,前部较强时就应抑前促后,即用弱枝带头,疏去较强的枝条。前部较弱时,应促前控后,用强枝带头,疏去较弱的枝条。若树势较弱时,应对枝组采取回缩更新的方法,来进一步调控树势,稳定枝组的结构。

(4)结果枝组间的调控 要想进一步维护枝组的稳定性,还要通过枝组间的调控来实现。例如,背上枝组过强,仅仅通过控制背上枝组是不行的。因此,在抑制背上枝组的同时,还要进一步促进两侧枝组的发育和生长。两侧枝组只要生长比较紧凑、布局比较合理,在一般的情况下就不要进行回缩,而应尽量让其扩展发育，以稳定产量和保持较长的结果年限。若两侧枝组生长过长，且出现枝组下垂的迹象时，就应及时回缩。枝组要轮换结果，一部分枝组可以少留一些果，一部分可以多留一些；第二年可以轮回过来，以防止大小年的出现和树势的不均衡。

进入盛果期以后，黄金梨树很容易形成花芽。所以，一定要根据树势来确定留花的数量，对多余的要进行破芽修剪，或进行疏除和回缩，并短截中、长果枝。对黄金梨等容易形成腋花芽的品种，若短果枝较多，花芽量也足，周转也够，就不应留着生腋花芽的中、长果枝，而应对其进行不留花短截或将花芽剥离。特别是延长枝，一定要剥离花芽，并短截。

143. 何谓"三套枝"修剪？如何进行？

"三套枝"，就是指盛果期大树的结果枝、发育枝和预备枝三种枝条的合理搭配。

"三套枝"修剪，是一种调整结果枝与营养枝数量比例，维持结果枝组生长结果能力的修剪方法。按照这种修剪方法，在冬季修剪时，保留枝组中的一部分花枝，用来开花结果，保证当年产量（结果枝）；缓放一部分枝条，让其当年形成花芽，翌年结果（发育枝）；另一部分枝条则短截，促使其分枝，翌年形成花芽，后年开花结果（预备枝）。对盛果期大树实行"三套枝"配套，才能实现交替结果，轮流更新，既长树又结果，达到壮树、高产、稳产与优质的目的。培养三套枝，其根本目的是育花。没有花要育花，花芽少时要保花，花芽多时要疏花，并通过剪截更新，在新的分枝上再育花。

短截枝条的程度，要根据枝条的种类和长度来确定。弱枝中短截，中庸枝轻短截，具有顶花芽的中、长果枝要"破头"

去花芽。进行"三套枝"修剪,既能保证当年的产量,又能留足明、后两年的预备枝结果,基本上做到了"三年转个圈,不出大小年"。"三套枝"可以简化为"两套枝"。由于黄金梨形成腋花芽容易,短截后的分枝既为预备枝又有腋花芽,预备枝兼做发育枝,同时出两套枝;另一套枝为结果枝。

具体操作时,为了方便起见,一般采取 1/3 枝条当年结果;1/3 枝条缓放,翌年结果;1/3 枝条短截,翌年形成花芽,后年结果。所以,三种枝条的比例基本上是 1∶1∶1。三种枝各占 1/3,也叫"三三制"。

144. 怎样进行黄金梨衰弱树的修剪?

黄金梨生长结果到一定的年限后,必然会出现衰老。衰老期黄金梨树修剪的基本原则是,衰弱到哪里,就缩到哪里。

在黄金梨幼树时期,由于树体生长旺盛,应注意枝干和枝条生长角度的开张,修剪时一般采用背后枝换头。衰弱树则反过来,应注意抬高枝干和枝条的生长角度,回缩时,要利用背上枝换头。这就是梨区果农总结的"幼树剪锯口在上,老树剪锯口在下"的修剪经验。一般就结果枝组而言,要利用强枝带头,强枝要留用壮芽。回缩时要分期、分批地轮换进行,不可一次回缩得太急、太快。并且在具体进行过程中,要掌握"先育小,后缩老"的原则,即在进行回缩前,通过减少负载量来改善树体的营养状况,使其生长势转强,并在回缩部位先进行环剥和绞缢等,让其下部先萌发新梢,并按计划培养 1～2年,然后再在此处除去以上原来的老头。若下部已经有新梢,就可以直接回缩到新梢处。枝组的回缩要根据具体情况来进行,尽量选留中、大型枝组来回缩更新。操作时,可以从内膛和背上选留一些直立的强枝缓放,然后通过缩、截来培养新的结果枝组。对回缩后枝组的延长枝一定要短截,对相邻和后部的分枝也要回缩和短截。全树更新后,要通过增施有机肥和配方施肥来加强树势,并认真防治病虫害,同时也要注意控制树势的返旺。待树势变稳后,再按正常结果树来进行修剪。

145. 黄金梨整形修剪有哪些发展趋势?

黄金梨属于砂梨,其生物学特性不同于以往中国白梨系统的品种。所以,在其整形修剪上,有许多不同于传统的整形修剪方法。黄金梨整形修剪的基本发展趋势有以下几点:

(1)在树冠大小上的转化 由高、大、圆向矮、小、扁演化。过去的梨树树冠大多树体较为高大,一般树高为4~6米,树形以主干疏层形为主,根叶间距离大,养分输送路途较远,前期产量低,丰产性差。目前,黄金梨大多采用矮化整形修剪技术,树冠较矮小,树高一般不超过3米,根叶距离小,养分输送路途短,丰产性好。栽培中疏花、疏果、套袋和修剪,都比较省工、省时,并且早期产量高,经济效益好。

(2)在树体结构上的转化 树体结构向级次少、充分利用光能、简化修剪程序、缩短成形年限的方向改进,基本上体现了"有形不死,无形不乱"的整形修剪原则,尽量减少整形修剪程序,减少骨干枝的级次,尽可能地提早结果,达到早期丰产的生产目的。

(3)在修剪程度上的转化 由过去的重剪向目前的轻剪转化,提倡轻剪长放,以轻短截或缓放为主;由过去的"先长树,后结果",向目前的"边长树,边结果"方向转化;由过去的6~8年达到盛果期,向目前的5~6年达到盛果期转化。

(4)在修剪时期上的转化 由过去只搞冬季修剪,向四季修剪的方向转化,尤其重视春季修剪(主要指5月上旬抹芽或摘心)和夏季修剪。正如俗语所说:"冬剪长树,夏剪结果。"

146. 目前在黄金梨整形修剪中,
存在的问题有哪些? 如何解决?

在目前的黄金梨生产中,由于梨园管理的水平千差万别,树体生长情况也不尽相同,整形修剪的技术水平参差不齐,不能做到"因树修剪,随枝造形",造成整形修剪上存在很多问题。这些问题的主要表现及解决方法如下:

(1)树干过高或过低 黄金梨矮化密植栽培,一般应选择低干矮冠的方式,定干不宜太高。生产上存在的主要问题:一是定干过高。定干高度在80~100厘米的为过高,定干过高,下部空虚,不易早期丰产;二是定干过低。定干高度在40~50厘米的为过低,定干过低,易出现下强上弱现象,造成树势不均衡。解决的方法是,在一般情况下,定干高度在50~60厘米比较适宜。若已经定干过高,则可以在定干处的下方进行目伤或枝接;若已经定干过低,则可以在下部疏枝,在上部短截。

(2)树体上强下弱 这是目前黄金梨整形修剪中存在的主要问题之一。由于梨树顶端优势及干性特别强,在连年对中干轻短截的情况下,造成中干生长直立且长势偏旺,下部分枝少而弱,难以选留出主枝。解决方法是,在冬季修剪时,对中干要采取重短截的措施,压低中干;若中干已经连续轻剪2~3年,则可以采取回缩"换头"的办法,将中干换成弱枝带头,以减弱中干的生长势。

(3)树干上留枝多而低 一般情况下,树干在定植后的1~2年,不应留枝过多,应留3~4个枝条,用来选留主枝。对距离地面40~50厘米处的枝条,一般情况下不留,应将其疏除。疏枝时,一次不应疏除过多,应分年分批逐步疏除,以免造成伤口过多,妨碍树体发育。

(4)树体下强上弱 下强上弱的黄金梨树,一般是下部主枝过粗,生长势过强,中干及上部枝条生长过弱。造成下强上弱的原因是,冬季修剪时对中干的短截程度太重,对下部的枝条短截过轻造成的,或是由于下部枝条轮生卡脖,或是由于中干上结果过多,造成中干生长势偏弱。其解决的办法:一是疏除过多的主枝,清理大的把门侧枝,按照树形的要求进行主枝数量的控制;二是通过拉枝、撑枝开角,使下部的枝条生长势减缓、减弱,对中干上的延长枝要轻短截,以促进其生长发育,提高其生长能力。

(5)幼树修剪过重 在黄金梨栽培中,常常遇到幼树修剪过重的问题。由于对品种的特性了解不够,对枝条短截过多,遇到枝条就破头,造成开头过多,营养生长过量,生殖生长的量达不到要求,不仅产量上不去,而且造成梨的花萼不脱落。其解决办法是,掌握修剪的量度,短截的数量一般不超过枝条总量的1/3或1/4。经常遇到的另一个问题是,由于树体发育不符合理想树形的要求,在冬季修剪时一次疏枝过重,造成伤口过大、过多,减弱了树势。其解决办法是,对需疏除的大枝先锯断一半,将其压平,使其结果,1~2年后再将其一次性锯掉。对内膛中的大辅养枝要重回缩,对大的背上枝要疏、压或重短截,以减弱强枝的生长势。对弱枝要以短截、回缩为主,尽量少疏枝,以恢复枝条的生长势。

(6)成龄树修剪过轻 黄金梨成龄后,由于结果多,果台枝、鸡爪枝多,发生中等以上的枝少,造成叶果比[黄金梨要求叶果比为(35~40):1]低,果实发育所要求的光合产物不足,果实小,口感差。解决的方法是,将过长的结果枝组回缩,对果台枝和鸡爪枝多的结果枝组要多"破头",多疏花芽,以增加枝叶量,增大叶果比。对内膛中的徒长枝和直立枝,要及时疏除,以解决内膛光照不足的问题。对过密的结果枝组,该回缩的要回缩,该疏除的要疏除,千万不要舍不得。

(7)轮生枝和三杈枝未处理好 黄金梨树基部的轮生枝,会导致树干上部衰弱,应疏除一个,重回缩一个。对主枝上的三杈枝,应留一个枝作延长枝,对其进行轻短截;对一个枝进行重截或重压,对另一个枝进行缓放,让其结果,待结果后再进行回缩。

(8)冠内光照不良 在黄金梨栽培中,常常遇到冠内光照不良的问题,尤其是网架栽培中的日式网架和韩式网架栽培,光照更加不足。由于网架栽培枝条有一定的倾斜度,所以,当春季芽子萌发时,几乎所有的斜生芽或背上芽全部萌发,造成树冠内光照不良。当树冠下的透光率为15%(正常值为25%)时,就会遇到由于光照不良而使果实品质下降的问题,严重时会造成早期落叶。解决的办法是,在春季先将斜生芽或背上芽尽量抹除。实在来不及抹芽的,要在5月中旬前,尽量进行夏季疏枝,以解决树冠内的光照不足问题。疏枝时不宜将所有的斜生或背上枝都疏除,而要适当保留一部分,以满足结果对叶面积的需求。

八、采收与贮藏

147. 判断黄金梨果实是否成熟的依据是什么?

黄金梨要成熟后才能采收。否则,将影响黄金梨的品质和产量。据观察,若黄金梨提早 8～10 天采收,就会使黄金梨的产量下降 12%～15%。可以根据以下几个方面判断黄金梨是否成熟:

(1)果皮的色泽　黄金梨果成熟时,显示出该品种固有的色泽。随着果实成熟度的提高,果皮上的叶绿素逐渐分解,底色逐渐呈现出来。果皮底色由绿色开始变为浅绿色或黄绿色,果面略带蜡质,并出现光泽时,表明果实即将成熟,可以采收。如果是套袋的黄金梨,成熟时具有淡黄绿色的果皮。

(2)果肉的硬度　在黄金梨果的成熟过程中,原来的不溶解果胶变成可以溶解的果胶,梨果的硬度也由大向小转变。

(3)果实的含糖量　一般根据梨果中可溶性固形物含量的百分比来确定。早熟品种要求果实含糖量达到 9%,中熟品种要求达到 11% 以上,晚熟品种要求达到 12% 以上。黄金梨果实完全成熟后,其可溶性固形物含量一般应达到 14.9% 左右。但是,在生产实践中,黄金梨采收时的可溶性固形物含量达到 12% 左右即可。

(4)果实的生长天数　在同一环境条件下,不同的品种从盛花到果实成熟,都有不同的生长发育的天数。黄金梨的果实生长发育天数为 145 天左右。

(5)果实的种子色泽 已经成熟的梨果,其内部种子的颜色由尖部到花籽变成褐色。若种子的色泽较淡,则说明该品种还未达到应有的成熟度。在生产中,应对新品种连续观察几年,待摸清种子成熟的颜色变化规律后,再确定该品种的成熟期。

(6)果柄脱落的难易程度 果柄基部离层形成,果实容易采收,表明果实已经成熟。

148. 怎样采收黄金梨?

(1)采收的要求

①采前喷药 在采收前,要喷一次高效低毒的杀菌剂,如50%的多菌灵可湿性粉剂600倍液,或70%的甲基托布津可湿性粉剂1 000~1 500倍液等,以铲除梨果表面或皮孔内的病原菌,减轻贮存期间的危害。

②无伤采收 在采收过程中,要求避免一切机械损伤,如指甲划伤、跌撞伤、碰伤、擦伤和挤压伤等,并且要轻拿轻放。梨果的果柄要完整,既不能损伤果柄,又不能损伤果台及果台枝,以免影响当年商品果率及翌年的产量。装盛梨果,要求使用硬材料的容器,如塑料周转箱或竹筐与柳条筐等,容器里面要用发泡塑料软膜或麻布片作内衬,以免碰伤梨果。

(2)采收方法

①人工采收 采收时,要求左手紧握果台枝,右手握紧梨果的果柄,向一侧将梨果轻轻掰下。采摘时,要求果柄完整。因为果柄不完整,就会影响梨果的耐贮存性。采收时,一般应按自下而上、先外后内的顺序进行,以免碰伤其他果实,减少人为的经济损失。

②**剪去果柄** 对于采后的黄金梨果实,要立即将果柄剪掉,以免果柄划伤其他梨果。在剪除果柄时,一定要避免划伤果皮。新的果柄剪在使用前,要将先端轻轻打磨钝平。用果柄剪修剪果柄时,动作要轻,不要用力过大。否则,会划伤果皮,形成次果。

③**采后包装** 如果梨果采后直接入冷库,则要先在塑料周转箱内直接放入保鲜膜,并直接进行分级和包网套等,以避免多次倒箱,碰伤梨果。在采运的过程中,不要挤压、抛掷和碰撞,以免使梨果受损伤。

149. 黄金梨贮藏时
对环境条件有哪些要求?

贮藏黄金梨果时,对诸如温度、湿度及气体成分等环境条件,都有一定的要求。

(1)温 度 黄金梨果实属于呼吸跃变型水果,其呼吸作用的强弱与温度关系很大。温度是梨果贮藏的基本条件。在一定的范围之内,降低贮藏期的温度,梨果的呼吸作用受到明显的抑制,延迟了梨果的后熟作用,微生物的活动受到明显的控制,还避免了某些生理失调,从而延长了梨果的贮藏寿命。一般来讲,略高于冰点的温度是贮藏的理想温度。梨果实的平均冰点是 $-2.1℃$。所以,其贮藏的温度为 $-1℃$~$-1.5℃$。在贮藏的过程中,要特别注意对温度的控制,防止由于温度过低而造成冷害。梨的品种不同,贮藏时所要求的初期温度也不同,但长期贮藏所要求的温度基本接近,一般在$-1℃$~$2℃$之间。一般情况下,黄金梨要求贮藏期的温度为 $0℃$~$1℃$。

(2)湿 度 梨果比较容易失水。在相同的温度和空气流动的情况下,梨失水要比苹果快 85%～95%。失水的结果是,梨果在贮藏期间干耗增多,果皮皱缩,影响梨果的商品价值。梨果在贮藏期间比较适宜的湿度为 85%～95%(冷库贮藏的湿度)。黄金梨的贮藏适宜湿度也是如此。

(3) 气体成分　梨果贮藏过程中的环境气体成分,对贮藏效果影响很大。适当地提高二氧化碳的浓度,减少氧气的浓度,可以达到抑制果实的呼吸强度,延缓衰老,提高梨果的贮藏质量和效果。一般来讲,金廿世纪梨果贮藏环境的适宜氧气(O_2)浓度为 5.0%,适宜二氧化碳(CO_2)浓度为 4.0%;菊水梨果贮藏环境的适宜氧气浓度和二氧化碳浓度分别为 6.0%～10% 和 3.0%。黄金梨贮藏环境的气体成分,目前还没有一定的科学数据,可以参考金廿世纪梨贮藏环境气体成分的有关数据进行,并进行有关的试验。

150. 对用于贮藏的黄金梨
果实有哪些要求?

用于贮藏的黄金梨果实,应符合如下几点要求:

(1) 外观要求　用于贮藏的黄金梨果实,外观要个大整齐,色泽均匀,其水锈、药锈、磨伤、雹伤、碰压伤、日灼和病虫害等情况,应符合国家有关的规定、市场的要求和客户认可的标准,并采用网套、托盘、隔板、保鲜膜以及高强度纸箱,进行包装,具体的包装量有 5 千克、10 千克和 12.5 千克等规格,或用塑料周转箱包装,包装量为 15 千克/箱。

(2) 内在品质　黄金梨果实成熟度适宜(在山东的胶东地区,采收贮藏用的黄金梨果实,一般年份于 9 月 5 日开始,15 日前后结束),口感较好,含可溶性固形物达到品种应具备的数值(一般要求 12% 左右),但不可以达到完熟状态。对在幼

果期(一般花后 20～25 天)涂抹膨大剂(目前采用较多的有
2.7%的赤霉素羊毛脂膏和 3.1%的赤霉素羊毛脂膏)的黄金
梨果实,由于其贮藏寿命缩短了,故不可以进行贮藏。否则,
果实在贮藏后期容易起皮和发绵,并容易引发"黑心病"。

151. 如何进行黄金梨的冷库贮藏?

用冷库贮藏黄金梨,由于其设备普通、建造及使用费用较
低等原因,在黄金梨产地很受欢迎。其贮藏的主要操作步骤
如下:

(1)设备完好 冷库贮藏梨果所需要的设备,有制冷压缩
机组、蒸发器、冷风机、送风及散热设备、冷凝器、制冷剂、测温
及控温装置、贮液器、送液及回流管道、冷却装置和配电装置
等。梨果入库前,这些设备都要安装完毕,并调试运转正常。

(2)进行预冷 梨果采摘后,经不起骤然降温。要将梨果
长期贮藏,就必须经过"预冷"。预冷的目的,就是将采收时的
果实所带有的田间热量和自身产生的呼吸热很快散去,从而
有利于降低果实呼吸强度,减少果实水分的蒸发。在有条件
的地方,可以直接进行空气预冷,将分级包装好的果箱,直接
放在 10℃左右的冷库中预冷 24～48 小时。然后再进行贮
藏。

(3)入库堆码 冷库贮藏的黄金梨,一般采用纸箱包装
(内有保鲜膜)。将成箱的黄金梨放在冷库堆码时,应注意以
下几点:

①堆垛与库墙之间要留出间距,以利于使入库梨的热量
通过流动空气带走。

②库房地平面与堆垛之间,必须垫有 10 厘米高的通风间
隙。

③堆垛内相邻包装箱之间,应留出不小于 1 厘米的间隙,以便于箱间的空气流通。

目前在黄金梨的冷库贮藏中,也有用塑料周转箱包装(内有保鲜膜)贮藏的。由于其耐挤压性较纸箱强,贮后出库时碰压伤轻,故商品果率高。

(4)贮藏管理 黄金梨在贮藏期间要求的相对湿度为85%～95%。贮藏前期,要求湿度充分,这一点尤其重要。当湿度达不到要求时,可将清水洒于地面,或在库内悬挂湿草帘,或用空气加湿器增加湿度。要求库内的氧气浓度为12%～13%,二氧化碳的浓度在 1%以下。因此,库内要不断地换气,以人在库内嗅不出梨果的气味为好。要不断清除梨果新陈代谢所产生的有害物质,如乙烯、乙醇和乙醛等,通过采取强制通风和安装空气洗涤器等措施,可以达到这一目的。另外,要调控好库内的温度,使之处于最佳的低温状态。

冷库贮藏黄金梨有一定的缺陷,就是贮藏期短,且有些年份易发生"黑心病"。自采收后开始,基本贮藏不到春节,其总体效果不如气调贮藏好。

152. 如何进行黄金梨的气调贮藏?

目前,在我国的发达地区已经普及气调贮藏,简称"CA贮藏"。运用气调贮藏,可以延长梨果的贮藏期,使梨果新鲜如初采时一样,从而提高梨果的销售价格。目前,不少梨品种的果实可以进行气调贮藏,但梨的气调贮藏环境氧气浓度指标较高(为 5%～10%),而二氧化碳浓度又要控制在较低指标(1%以下)。一般认为,梨对二氧化碳敏感,宜在低二氧化碳或无二氧化碳的气体环境内贮藏。

气调贮藏梨果时,需要建造气调库,在建库的时候要注意以下两点：

(1)气调库要密闭 气调库要求具有较高的气密性，以维持库内的气体成分的稳定。除了库体墙壁的密闭外，还要求库门、通气口以及水、电、气管道，都应隔气密闭，并及时采取检漏、补漏等措施，以保证气调库工作性能可靠。在正常情况下，库内外的压差为 666.61 帕时，每小时每立方米库容积的最大漏气量为 2 升，如达不到这个标准，就需要进行检漏和补漏。

(2)配好气调设备 我国目前使用的制氮设备有两种：一种是用燃料作能源的燃烧式氮气发生器，另一种是以电能为动力，以炭分子筛作脱氧用的制氮机。二氧化碳的脱除多用活性炭，在脱除的过程中，活性炭先吸附库内的二氧化碳，再用新鲜空气吹扫被二氧化碳饱和的活性炭，使二氧化碳解吸，使活性炭再生。当前由于日、韩砂梨在我国发展较快，所以，对日、韩砂梨的气调贮藏是值得注意的问题。

黄金梨的气调要求标准（仅供参考）是：库内的温度为 $0℃\sim1℃$，相对湿度为 90%，氧气浓度为 $3.0\%\sim5.0\%$，二氧化碳浓度 $\leqslant1.0\%$。将黄金梨放在这种条件下贮藏 $5\sim6$ 个月，可以保证其品质不变。

153. 如何预防黄金梨在
贮藏期间的微生物病害？

黄金梨在贮藏期间的微生物病害，主要是真菌性病害。危害较大的有青霉病、褐腐病、轮纹病、疫腐病、黑斑病、黑星病、灰霉病和炭疽病等。目前，尚没有根除这些病害发生的有效方法，只能对这些病害采取一定的预防措施。为防止黄金梨在贮藏期间发生病害，可以采取以下预防措施：

(1)减少伤口　果实采收后,在运输、贮藏过程中,尽量减少果实的磕碰损伤。

(2)清除病果　在采收和入库前,将病果和好果分开,并在贮藏时将病果剔除;在贮藏过程中,要不断检查,并将病果较多的整箱果搬出,并及时进行处理。

(3)控制库温　将温度控制在0℃～1℃的范围内。库温过高可加重病害的发生,一定要对此进行控制。

(4)库内消毒　贮藏前,将冷库及贮存梨果的地方,进行灭菌消毒,杜绝或减少病害的传染源。

(5)果实消毒　在入库前,将所要入库的梨果进行药物灭菌处理,如用托布津可湿性粉剂、多菌灵可湿性粉剂等浸果,使用浓度为1 000毫克/升。

154. 黄金梨在贮藏期间的生理病害有哪些? 如何防治?

黄金梨在贮藏期间的生理病害,其主要种类及其防治方法如下:

(1)黑心病　黑心病是黄金梨贮藏期间的重要病害。该病的症状是,外观色泽暗黄,果心、果肉均变为褐色,有酒味。发病的主要原因有以下四个方面:一是贮藏前降温过快,引起低温伤害。二是果实采收过晚,或是采后没有及时入库,或贮藏期间温度过高,引起衰老型黑心病。三是在生产管理的过程中,施用氮肥过多,磷、钾、钙肥不足,造成贮藏后期黑心病大量发生。四是贮藏期间,库内二氧化碳浓度过高。应针对发生的原因,逐一加以抑制或防止,达到防治的目的。

(2)黑皮病　该病的发生原因,主要有以下几个方面:一是采摘过早。二是贮藏期间温度过高或过低,温度不适宜。

三是二氧化碳浓度过高。四是贮藏时间过长。梨果黑皮病的发病机制与苹果比较相似。可以采取以下方法进行防治：

①适期采收，控制库内环境的二氧化碳的浓度，维持库内一定的温度和湿度，并保持稳定。

②采用气调贮藏，并脱除库内乙烯等对果品贮藏不利的气体。

③贮藏期要适当，不要过期贮藏。

(3)其他病害 贮藏期间还有其他病害,如二氧化碳伤害、低氧伤害、冻害和果肉衰老褐变等,在梨果贮藏期间都要加以重视,并逐一及时地加以防止。

九、实用栽培新技术

155. 为什么要进行黄金梨的网架栽培?

其所以要进行黄金梨网架栽培,在于这种栽培方式具有以下优点:

(1)生产的果品质量高 采用网架栽培方式生产的黄金梨果,果个大小均匀,果形端正,果实含糖量高,外观质量好,出口受欢迎,经济效益高。

(2)管理容易 由于网架栽培采用统一的高度、统一的整形修剪模式,所以,在栽培管理的过程中,无论是人工授粉和疏花疏果,还是套袋、喷药和采收等管理,相对于其他的栽培模式都比较容易进行,这样就降低了生产成本,相对增加了经济收入。

(3)早期产量高 采用网架栽培,第二年就可以结果,第五至第六年(韩式网架)就可以进入盛果期,每667平方米的面积可以获得3 000~3 500千克以上的产量。

(4)抗风力强 在风大的地区,尤其在山东、江苏与河北的沿海地区,夏季常有较大的台风,采用常规栽培模式,有可能造成大量落果的发生。而网架栽培的结果枝,一般都固定在网架的钢丝上,一般的台风(9级以下)不会造成大的落果。

当然,网架栽培也存在缺点。黄金梨采用网架栽培后,其枝条大多呈斜生或水平生长,由于顶端优势和极性作用,背上优势明显,背上枝条生长旺盛。冬季修剪时,需要年年疏除背上枝及斜生背上枝,即使是夏季修剪量也大为增加。

156. 怎样进行黄金梨日式网架栽培?

(1)日式网架的结构 日本网架由地锚钩(直径为12毫米、长1300毫米的钢筋,上部制作4厘米大的扣眼,下部焊接40厘米大的十字架)、斜立杆(用钢筋混凝土制作,规格为300厘米×12厘米×10厘米)、直立杆(用钢筋混凝土制作,规格为190厘米×8厘米×8厘米)、周边围线(6股10号钢绞线)、主线(5股12号钢绞线)、中间副线(10号钢丝)、接头卡口(围线用大卡口,主线用中卡口)和砼盘(斜杆砼盘规格为40厘米×40厘米×10厘米,立柱砼盘规格为30厘米×30厘米×8厘米)组成。

(2)网架的安装 先在梨园周边挖地锚坑,规格为70厘米×60厘米×120厘米,将地锚钩用150千克的混凝土在地锚坑内固定并培土,在梨园周边每隔5米安装一个。网架顶部距地面的高度为190～200厘米。在周边每隔5米立一条斜向立杆,角度为45°。具体做法是:先将四个角(每个角各埋两个地锚,立两条斜杆)和地边的地锚埋好,地锚钩扣眼高出地面15厘米,将斜杆拉线与地锚钩挂好,角度为45°。然后将周边围绳和网面主线拉紧,最后在网面上每隔80厘米拉一条副线。网面拉好后,主线每隔一道用立杆顶起(图5)。

(3)日式网架栽培梨树的整形修剪

①幼树及初果树的整形修剪 在定植的第一年,将苗木在80厘米处定干。定干后萌发3～4个新梢,在当年冬季修剪只对中干延长枝短截,对其他枝甩放不剪。第二年甩放枝条结果(日韩砂梨易成花,一年生枝即可形成腋花芽结果),中干延长枝又可萌发3～4个新梢,冬季再对中干延长枝进行短

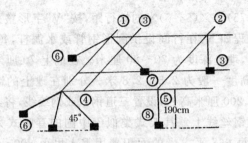

图5 日式网架

1. 周边围线　2. 主线　3. 副线　4. 斜立杆

5. 直立杆　6. 地锚　7. 斜杆砣盘　8. 立柱砣盘

截,其他枝甩放不剪。第三年春季树体高达150厘米左右时,开始架设网架,并将中干延长枝所发的3～4个枝水平绑缚在架面上。冬季修剪时,将前两年甩放结果的第一层水平枝进行疏除,使结果的重点转移到第二层枝的水平架面上。第四年修剪时,只需将结果架面上的徒长枝、背上枝、枯死枝和病虫枝疏除,将冗长结果枝进行回缩即可。

②**盛果期树的修剪**　对棚架栽培的进入盛果期的黄金梨树进行修剪时,要本着维持树势,促强防弱,宜截不宜缓,宜重不宜轻的原则,在冬季修剪疏除密枝,对骨干枝的延长枝在饱满芽处短截,适当疏除树冠外围的密旺枝和直立枝,更新复壮结果枝。每年冬季将骨干枝的延长枝短截,将病虫枝、背上枝、徒长枝和大的直立枝疏除,对重叠枝、交叉枝和冗长结果枝回缩等。在搞好冬季修剪的同时,重视夏季修剪,及时将内膛不宜保留的萌芽抹除,以减少树体营养消耗,并减轻冬季修剪的工作量。

157. 怎样进行黄金梨韩式网架栽培?

(1)韩式网架结构　进行黄金梨的韩国网架栽培时,采用

(0.5～0.75)米×(5～6)米的株行距,按"V"字形整枝。其网架结构过程如下:在行间设拱圆形钢管或水泥杆,每隔5～7米埋一根,埋土深度为70～80厘米。在地上70厘米高处开始弯曲,高度一般为2.5～2.8米。分别在地上的80厘米、150厘米、200厘米高处,设置三道钢丝或钢绞线,将梨树的中干固定在钢丝线上。其架式类似于中国的春暖式大棚结构(图6)。每667平方米的面积费用需人民币800～1 000元(水泥杆结构者)。在韩国,目前大多采用钢架结构,钢架结构的造价很高,每667平方米的造价需人民币5 000～8 000元,我国目前在生产上一般不采用。

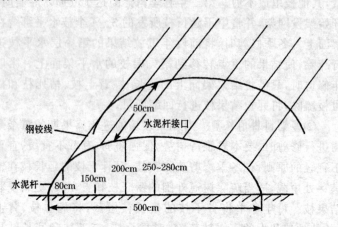

图 6 韩式网架

(2)韩式网架栽培梨树的整形修剪 采用韩国网架栽培黄金梨树的整形修剪,主要采用"V"字形整枝。定植当年,将苗木在70～80厘米处定干,选留东西两个方向的主枝,将其余的枝、芽全部抹除。冬季修剪时,只将梨树的两个主枝轻短截,一般剪留长度为70～80厘米。第二年春季架设网架,将两个主枝分别引绑在两边的架面上,并让其开始结果。冬季修剪时,只对两个主枝延长枝进行中短截,一般剪留长度为50~60厘米,对其他枝条甩放不动。其余年份的修剪,与梨树的"V"字形整枝方法相同。

158. 为什么要进行黄金梨无病毒栽培? 它的技术要点有哪些?

病毒病是影响梨树产量和品质的主要病害。我国梨树的无病毒栽培比苹果开始得晚。目前,仅中国农业科学院果树研究所等单位开展了有关的研究。但是梨树的无病毒栽培已经展现出其优势潜力,是今后梨树栽培发展的方向。

(1)黄金梨无病毒栽培的优点 一是苗木健壮,生长旺盛。无病毒的苗木比带病毒苗木,其高度和干径粗度都增加20%以上。二是树势强健,早实性、丰产性均强。无病毒梨树的生长量比常规树高出 1/3 左右,增产 16%~60%。树势强健,骨干枝牢固,结果枝分布均匀,产量提高 20%~30%。三是果实品质好,商品果率高。无病毒梨树所结的果实,不仅数量多,而且果个大,色泽艳丽,果实表面光亮洁净,耐贮藏性强。四是抗性强,并且可以减少施肥量。一般情况下,可以减少氮肥的使用量 40%~60%。

(2)黄金梨无病毒栽培的技术要点

①采用无病毒苗木 黄金梨脱毒苗木已经开始在有关科研单位小批量生产,北方省级果树科学研究所大都可以进行黄金梨苗木脱毒,栽培者可到附近省级果树科学研究所预订。

②必须重新建园 因为无病毒梨树栽培,不可以采用高接换头的方法(梨树病毒病可通过嫁接来感染)。所以,只有通过重新定植来实施无病毒栽培。栽培无病毒梨树苗木时,

必须统一规划。在无病毒梨园设计时,要考虑离开带毒梨园一定的距离,以防止地下线虫传播病毒。

159. 黄金梨矮化栽培的优点及途径何在?

在西方国家,梨树的矮化栽培早在 20 世纪 70～80 年代已基本实现。我国在 70 年代以后,由中国农科院果树研究所、陕西省果树研究所和山西省果树研究所等单位,开始进行梨树矮化砧的研究,现在已有较大的突破。可以说,梨树的矮化、无毒化栽培是今后梨树栽培的发展方向。

(1)黄金梨矮化栽培的优点

①**可以进行密植栽培** 过去的梨园大多采用稀植方式,每 667 平方米定植 20～60 株,即使适度密植,也不过 100～200 株,并且需要在 5～6 年后进行间伐。丰产梨园的叶面积系数可以达到 3～4,在采用矮化栽培的梨园,只需 3～5 年即可达到,而稀植梨园则需 10 年左右的时间才能达到。

②**可以提高光能利用率** 由于矮化密植栽培的梨树,树体矮小,可以有效地提高光能的利用率,并且其透光率也显著高于稀植树。一般来讲,梨树的受光量低于全光量的 25%时,叶片的光合能力就下降。而矮化密植梨园的受光量可以达到 80%～90%,叶片能更好地利用光照,进行光合作用,对果实的品质和梨园的产量都有较大的提高。

③**可以提高劳动效率** 在梨树的管理过程中,整形修剪、疏花、人工授粉、疏果、套袋、喷药和采收等管理的过程,都需要大量的人工来完成。由于矮化栽培的梨树,树体矮小,可以减少大量的人工浪费。

④**可以有效地提高产量** 矮化梨树栽培,树体矮小、紧

凑,缩短了地上部与地下部的距离(根叶距),可以明显减少养分在输送过程中的消耗,有利于树体贮存光合产物,因而能有效地提高梨树的产量。

(2)黄金梨矮化栽培的途径 黄金梨矮化栽培的途径,主要是采用矮化砧,效果较好的是采用矮化中间砧。目前我国有自己培育的矮化砧。中国农科院果树研究所从 20 世纪 80 年代开始培育适宜于我国梨树矮化密植的矮化砧,筛选出极矮化砧 PDR_{54}、矮化砧 S_5、半矮化砧 S_1、S_4、S_2、R_{18}、S_3、R_{24}、PDR_{49} 和 PDR_{48} 等 10 余个有矮化潜力的矮化砧类型。用这些矮化砧培育黄金梨嫁接苗,可以有效地实现黄金梨的矮化密植栽培。

160. 怎样进行黄金梨有机栽培?

所谓的有机农业,是指一种完全不用人工合成的农药、肥料、生长调节剂和农畜禽饲料添加剂的农业生产体系。在有机果品生产过程中,绝对不可以使用有机农业生产禁止使用的人工合成制剂。由于有机食品在我国起步晚,而且有机食品又是人们所希望的食品,因此,黄金梨有机栽培的前景非常广阔。进行黄金梨的有机栽培,必须抓好以下两个关键环节:

(1)具备有机栽培的生产环境

①选择符合国家大气质量一级标准 GB 3095—82 的地区进行有机农业生产。

②有机农业生产用水,在梨树生产上主要是指农田灌溉用水,必须符合国家生产有机食品关于水质的有关标准。其中几个重要的指标如下:pH 值为 5.5～8.5,有机磷农药残留不得检出,六六六不得检出,DDT 不得检出,大肠杆菌含量(个/升)低于 10 000 等。

③在土壤耕作性良好、无污染、符合标准的地区,进行有机农业生产。

④避免在废水污染源及固体废弃物周围,如废水排放口、污水处理池、排污渠、重金属含量高的污灌区和被污染的河流、湖泊、水库,以及堆放冶炼废渣、化工废渣、废化学药品、废溶剂、尾矿粉、煤矿粉、煤矸石、炉渣、粉煤灰、污泥、废油和其他工业废料、生活垃圾的地方及废弃物的周围,进行有机农业生产。

⑤严禁未经处理的工业废水、废渣、城市生活垃圾和污水等废弃物,进入有机农业生产用地,并且要采取严格措施防止可能来自系统外的污染。

(2)符合有机农产品生产技术规范　本技术规范的根据是由国家环境保护局(简称NEPA)委托国家环境保护局有机食品发展中心(简称OFDC),根据国际有机作物改良协会(简称DCIA)、美国加利福尼亚州有机农业协会(简称CCOF)以及其他国家(德国、日本等)有机农业和食品生产、加工标准,结合我国食品行业标准和具体情况,制定的《有机(天然)食品生产和加工技术规范》。在该规范中关于农作物的生产有16条规定,黄金梨有机生产中可以参照执行。

161. 怎样进行黄金梨花芽高接?

花芽高接,就是高接的接穗不是一般的发育枝条,而是花芽或花枝。对于老劣品种的梨园,可以进行黄金梨花芽高接技术处理,这样可以比一般高接换头提早一年获得经济效益。在我国的台湾地区,由于高温、多湿的原因,黄金梨形成花芽很难,故每年需要从大陆剪取花芽,进行黄金梨花芽高接。

(1)嫁接的时间和方法

①嫁接时间　用花芽高接,一般有两个适宜时间:一是在秋季进行,即9月中下旬进行。嫁接的时间过早,接芽容易萌发,造成嫁接失败;嫁接过晚(进入10月份以后),成活率达不到要求。二是在春季进行,一般在花芽萌动前进行。在山东省胶东地区,一般在3月下旬至3月底进行。嫁接时间过早,愈合口发育不好,影响成活;嫁接时间过晚(4月上旬),嫁接后花芽因得不到足够的树体营养而难以开花,即使开花也难以坐果。

②嫁接方法　接穗的采取,要注意选择树体发育健壮、花芽充实饱满和无病虫害的枝条。在秋季嫁接,一定要在采取接穗后,及时将叶片去掉,并保留叶柄,以保持枝条的水分,并及时进行嫁接。嫁接时,最好采用单芽切腹接。只是在包扎时,要注意在花芽处包一层薄膜(厚度不要超过0.06毫米,否则花芽不能自行突破),以利于花芽自行破膜,增加成活率。在春季嫁接,要将带花芽的枝条在上一年的冬季,即黄金梨落叶后剪下,并在背阴处用湿沙贮藏。贮藏时,要注意沙土的水分不宜过多,也不宜过干。翌年春季将接穗取出,进行嫁接。春季也可以采用单芽切腹接,但最好采用"贴芽接",只是在削接穗(芽片)时,要比夏季嫁接苗木的要稍大、稍厚、稍长一些,其包扎的方法与花芽秋季嫁接的一样。

(2)嫁接后的管理

①加强肥水管理　花芽嫁接后,要适当增加有机肥和氮磷钾三元复合肥的施用。同时要注意灌水及排水,尽量不要大水漫灌。施肥时,每667平方米施有机圈肥4 000～5 000千克,或者施用颗粒有机肥(有机质含量为30%～50%)100～150千克,氮磷钾复合肥100～150千克。

②搞好抹芽及其他管理　嫁接后,要及时抹除所萌发的非嫁接品种的芽,以利于节省养分,促进花芽萌发、开花和坐果。必须对嫁接的花芽所开的花,及时进行人工授粉。授粉时,要细致和周到,不要疏漏。其他的管理,如套袋和病虫害的防治等,同常规的栽培管理。

162. 黄金梨为什么要涂抹膨大剂? 怎样进行?

由于黄金梨果实发育上的遗传因素,在一般的栽培条件下,很难生产出大果型的优质果品,而市场上对黄金梨特大果(果实横径达到 90 毫米以上)的需求缺口又较大。所以,在黄金梨的栽培管理中,要生产优质大果,一般应在加强土肥水管理的同时,采用涂抹植物生长调节剂(如赤霉素涂剂)作为辅助的措施。

目前,在黄金梨生产中,采用的赤霉素(GA)涂剂为 GA_3、GA_{4+7} 的混合剂(有含量为 2.7%和 3.1%的 GA 羊毛脂膏)。一般应在盛花后的 20~25 天进行果柄涂抹,每果使用的剂量为 10~15 毫克。一支质量为 50 克的赤霉素(GA)涂剂,一般可以涂抹 5 000~6 000 个黄金梨幼果。幼果涂抹赤霉素(GA)涂剂后,单果重可以比对照增加 20%~30%,并提前 7~10 天成熟,品质与自然成熟的一样。目前,幼果涂抹赤霉素(GA)涂剂的技术,在山东的胶东地区,已经大面积用于生产实践。

值得注意的是,虽然涂抹赤霉素(GA)涂剂可以增大黄金梨果实的个头,但也有副作用。如有促使果实提前成熟,加重果肉的沙化程度,明显降低果实的耐贮藏性等。若过量涂抹(单株留果过多,并全部涂抹),还会抑制黄金梨的花芽分化,降低花芽质量,导致翌年产量下降。

163. 怎样对病虫危害的
黄金梨树进行桥接?

部分黄金梨树结果后,常常受到梨食皮虫的危害,造成主干或主枝树皮的韧皮部坏死,养分的上下输导组织(筛管)受到破坏,影响树体发育。若不及时挽救,就会造成树势衰弱并引起树体死亡。其最佳挽救措施是进行桥接。桥接的操作方法如下:

(1)**技术要点**　桥接一般在春季进行。山东省胶东地区一般在 3 月底至 4 月上旬,应在病疤的上下两个地方进行嫁接。接穗要选取细长、柔软的一年生枝条,或梨树基部的萌条来进行,也可以在靠近被挽救梨树的地方重新栽植一株一年生苗,然后再进行嫁接。接穗最好在嫁接后涂上接蜡。接蜡的配制方法是:将松香 1 份,黄蜡 2 份,动物油 1 份,放在小锅内加热,熔化后即成。

进行嫁接的具体方法,可以选用皮下接或贴皮接。接穗切削的要求是,两端削面要稍长一些,分别插入伤口上下的韧皮部内。如果插得深而紧,可以不必再捆绑,只需涂上接蜡或用地膜包扎即可。

(2)**接后管理**　嫁接后,要对被挽救树进行严格的疏花疏果,尽可能在嫁接的当年不结果,以减少果实对树体的营养消耗,使树体得到尽快的恢复。对接穗上萌发的萌芽不必在当年抹除,可以利用它帮助接穗加粗,到冬季修剪时再疏除。嫁接后,还要加强肥水管理,增加有机肥的施用量,并适当增加氮、磷、钾肥以及微量元素肥的施用量,以恢复树势。

164. 怎样才能使黄金梨早熟上市？

黄金梨本来属于中熟砂梨品种，原则上不宜促使其早成熟，但由于市场需求的因素，往往造成产区梨农早采（采青），致使黄金梨口感下降，影响它的声誉。因此，促进黄金梨适当早熟，在生产中是有必要的。黄金梨在不进行设施栽培的前提下，在同一地区如果能使其果实早熟 7～10 天，就可以使其销售的价格增加 10％～20％，经济效益颇为可观。促进黄金梨果实早熟的具体技术如下：

(1) 按照高标准施肥 秋季黄金梨果实采收后，按每 667 平方米施入 4 500～5 000 千克的优质土粪，或 2 000～3 000 千克发酵鸡粪，同时加入 150～200 千克的氮磷钾三元复合肥和 30～40 千克的微量元素肥料，以保证果实发育所必需的营养条件。

(2) 进行地面覆盖 春季土壤解冻后，及时施肥、灌水，划锄后平整地面，喷洒除草剂，并覆盖厚度为 0.06 毫米的地膜。此举可以使黄金梨提早开花 2 天左右，果实提早成熟 2～3 天。

(3) 搞好人工授粉 黄金梨开花后，要及时进行人工授粉，保证果实有足够的种子分泌内源激素。多年的实践证明，种子的数目与果实的大小呈正相关。种子数目越多，果实就越大。而果实大的，也往往成熟得越早。

(4) 对果柄涂抹激素 谢花后 20～25 天，用含量为 2.7％或 3.1％的 $GA_3 + GA_{4+7}$ 羊毛脂膏进行果柄涂抹，每果使用的剂量为 10～15 毫克，此举不仅可以增加单果重20％～30％，而且可以使果实提前 7～10 天成熟，果实品质与自然成熟的一样。

(5) 对树体喷布甲壳丰 进入 5 月份以后,对树体喷布 600 倍的甲壳丰液,可以明显地促进果实早熟。若单独采用此举,可以提早成熟 7 天左右。

(6) 喷 PBO 促控 进入 6 月份以后,对树体喷布 150～200 倍液的 PBO 生长结果调控剂,可以明显改善树体的营养分配状况,使生殖生长与营养生长进一步协调。

(7) 喷乙烯利促熟 在黄金梨成熟前的 25 天左右,用 CEPA(乙烯利)150 微升/升浓度的溶液喷布,可以提早成熟 7～10 天,对果实品质无不良影响。

165. 怎样在农村庭院栽培黄金梨?

庭院栽培黄金梨,不仅有利于绿化环境,消除污染,净化空气,增添乐趣,丰富生活内容,还可以增加种植者的经济收入。

(1) 庭院栽培黄金梨的优点

①家庭院落背风向阳,春季解冻早,秋季初霜迟,生长季节相对加长,有利于提高果实品质,使栽培的黄金梨完全表现出该品种的风味特点。

②庭院处于一个相对独立的环境条件下,病虫害发生少,生产出的果品基本属于无公害或绿色食品。

③庭院肥水条件优越,便于精耕细作,完全可以根据个人的爱好和庭院的格局,选择适宜的树形,采取多种多样的栽培形式和技术措施,来达到庭院梨树种植者的栽培目的。

(2) 配置方式 庭院梨树的常规配置,有自然式、规则式和混合式等三种方式。

①自然式 参差自然,灵活多变,无中轴对称,没有反复相同的株行距和固定的排列方式。

②规则式　讲究严格整齐,有中轴对称,株行距和排列方式固定,讲究几何造型。

③混合式　兼有以上两种方法的特点。

(3)栽植方法

①屋前栽植　可以在农村平房的房前和大门的两侧进行栽植。定植时,先在门前的东西两侧,挖深度、宽度各为80厘米的定植穴,在每个穴的穴底,施入10~15千克的杂草及优质农家肥10~20千克,或掺有圈肥的秸秆25~30千克,再回填土。填至离地面30厘米左右时,施入0.5~0.75千克的氮磷钾三元复合肥,再继续填土5~8厘米厚,然后将苗木植入穴内,并灌透水。栽植株数的多少,要根据门前的面积来确定。

②屋后栽植　可以在农村平房的房后栽植黄金梨树。方法与房前栽植差不多,只是要注意离开房子一定距离进行定植,一般情况下至少要距离房后4~5米。这是由于梨树属于喜光果树,因此,要避免房屋在前方遮光,而影响梨树的生长发育。

③房屋两侧栽植　在房屋的两侧栽植黄金梨树,要注意尽量不影响其他房屋的采光和通风。整形修剪所采用的树形为纺锤形、圆柱形或单面扇形。

十、病虫害防治

166. 梨黑星病有什么危害
症状？怎样防治？

(1)危害症状 梨黑星病又名梨疮痂病、雾病，是梨树的一种重要病害，常常造成重大的经济损失。梨黑星病主要危害梨树的叶片、新梢、果实、芽、花、鳞片和叶柄等梨树地上部分的所有绿色幼嫩组织。

发病的主要特征是，在病部形成显著的黑色霉层，极像霉烟。花序染病时，在花萼和花梗基部产生霉斑。叶簇基部染病，可以导致花序、叶簇萎蔫枯死。叶片染病时，先在正面发生多角形或近圆形的褐色黄斑，在叶片背面产生辐射状霉层，在小叶脉上最易发生。危害严重时，许多病斑融合在一起，使叶片的背面布满黑色霉层，造成叶片脱落。新梢染病时，其上形成梭形病斑，后期病部皮层开裂，形成粗皮状的疮痂。幼果染病时，大多数造成早期落果，或在病部形成木质层而导致果实畸形。大果染病，往往形成多个疮痂状凹斑，常发生龟裂，表面粗糙坚硬，霉层很少，果实不畸形。在采收前受害，果面出现淡黄色小病斑，边缘不整齐，无霉层，如果遇到短期高温，也能产生黑色霉层。

(2)发病规律 梨黑星病菌以分生孢子和菌丝体在芽鳞片内、病叶、病果与病枝上越冬，翌年春季温度适宜时，残存的越冬分生孢子和病部形成的分生孢子，借风雨传播，侵染为害。在秋季雨水较多、冬季温暖潮湿的地区，初冬病叶上可形成子囊壳,春季子囊成熟,遇雨水后放出子囊孢子,进行侵染。在山东等地,病菌主要在叶芽鳞片内越冬,翌年春季也感染该芽长出的新梢,产生霉层,形成雾芽梢,成为发病中心,进行再次侵染。梨黑星病在各地的发生期,有明显的不同。在辽宁地区,病芽多在 5 月中旬出现,前后相差 20 天左右。叶、果多在 6 月上旬发病,7 月中旬至 8 月份为发病盛期。

(3)防治方法

①**清除梨黑星病病源** 将病枝、病叶、病果和病花簇,在生长季节及冬季修剪时随时摘除,并集中烧毁,防止病菌的进一步蔓延。

②**药物防治** 在生长季节,用化学药剂进行控制。自梨园发现梨黑星病的叶片、花簇、芽梢时,开始喷药,每隔 15 天进行一次。喷施的药物,可选用 1 : 2 : 200 波尔多液,或 50%的多菌灵可湿性粉剂 600～800 倍液、70%的甲基托布津可湿性粉剂 800～1 000 倍液。

167. 梨黑斑病有什么危害
症状? 怎样防治?

(1)危害症状 梨黑斑病在包括黄金梨在内的梨树的整个生育期及各个部位,都可以发病。主要危害梨树的叶片、新梢、花和果实。幼嫩叶片最易感病,在开始发病的时候,叶片出现针尖大小的黑斑,后逐渐扩大到直径为 1～2 厘米的病斑,病斑为近圆形或不规则形,中央为灰白色,边缘为黑褐色,有时微呈轮纹。潮湿时病斑表面遍生黑霉。叶片上长出较多的病斑时,往往相互融合成不太规则的大病斑,叶片成为畸形,造成早期落叶。幼果染病时,在果面上形成黑色圆形小斑,后逐渐扩大,略凹陷,上生黑霉。果实长大后,果面发生龟裂,裂缝可深达果心。病果往往早期脱落,有的病果长霉不多,大多迅速软化。这是由于细菌侵入病果所致。

(2)发病规律 梨黑斑病的病菌,以分生孢子及菌丝体,在病叶、病果和病枝上越冬,第二年春季借助风、雨水传播。以后,又产生分生孢子进行再次侵染。生长势旺的梨树较少发病;有机质缺乏以及修剪不合理的梨树发病重,地势低洼,易积水的地块容易发病。一般年份在 4 月下旬至 5 月上旬,叶片开始出现病斑,5 月中旬开始增加,6 月份雨季到来的季节病斑急剧增加。果实于 5 月上旬开始出现少量病斑,6 月上旬病斑较大,6 月中下旬果实龟裂,6 月下旬病果开始脱落,7 月下旬至 8 月上旬病果脱落最多。温度与降雨对是否发病极为关键。分生孢子萌发的适宜温度为 25℃~27℃。除温度条件外,孢子的传播还要借助雨水。因此,24℃~28℃的温度及连续降雨,特别有利于黑斑病的发生与蔓延。如果气温在 30℃以上并连续晴天,病害则停止扩展。

(3)防治方法

①**加强梨园的肥水管理** 增施有机肥,改善地力状况,提高树体自身的抗病能力。

②**做好清园工作** 将病枝、病叶和病果随时进行清理,并加以烧毁或深埋,消灭越冬病原。

③**套袋保果** 进行梨树全套袋栽培,保护好果实,免受病菌和害虫侵害。

④**药剂防治** 从 4 月下旬开始进行喷药处理。一般在生产上采用的药剂,有 1∶2∶200 波尔多液,或 50%的代森锌可湿性粉剂 800~1 000 倍液,50%的退菌特可湿性粉剂 600~800 倍液,10%的多抗霉素可湿性粉剂 1 000~1 500 倍液或 3.0%的多抗霉素水剂 600 倍液等。

168. 梨锈病有什么危害
症状？怎样防治？

(1)危害症状　梨锈病又名赤星病,是包括黄金梨在内的梨树的一种重要病害,以附近有桧柏的园片的发病严重。梨锈病主要危害叶片、新梢及幼果。当叶片受害时,在叶片的正面发生橙黄色、有光泽的小斑点,1～2个不等,以后逐渐扩大为近圆形的病斑,病斑中部橙黄色,边缘黄色,最外层有一圈黄绿色的晕。病斑直径为4～5毫米,大的直径可达7～8毫米。病斑表面密生橙黄色针状的小粒点,即病菌的性孢子器。天气潮湿时,其上溢出淡黄色的黏液,即无数的性孢子。黏液干燥后,小粒点变为黑色,病斑组织逐渐变肥厚,叶片背面隆起,正面微凹陷。在背面隆起的部位长出灰黄色的毛状物,即病菌的锈子器。一个病斑上可产生10多条毛状物。锈子器成熟后,先端破裂,散发出黄褐色粉末,即病菌的锈孢子。病斑以后逐渐变黑,当叶片上的病斑逐渐增多时,往往造成叶片早期脱落。幼果受害后,初期与叶片受害的症状相似,后期在同一病斑的表面,产生灰黄色的毛状锈子器。病果生长停滞,往往发生畸形和早落。新梢、果柄和叶柄受害时,其症状与果实基本相似,容易造成落叶和落果。新梢被害后,在受害以上部位出现枯死现象,并易被风吹折。

(2)发病规律　梨锈病病菌以多年生菌丝体,在桧柏病部组织中越冬。一般在翌年的春季开始显露冬孢子角。春季降雨时,冬孢子角吸水膨胀,成为舌状胶质块。冬孢子萌发后,产生有隔膜的担子,并在其上形成担孢子,担孢子随风飘散。从梨树发芽到幼果形成这一段时间内,担孢子散落在嫩叶、新梢和幼果上,遇到适宜的条件就萌发,产生侵染丝,直接从表皮细胞中侵入,也可以从气孔中侵入,侵入的过程需要几个小时。当气温达到15℃,并在有水的条件下时,担孢子需要1个小时完成侵染。梨树自展叶开始到展叶的20天内容易感染;展叶25天以后,叶片一般不易感染。梨锈病的潜育期为6~10天,潜育期的长短除受温度的影响外,还受叶龄的影响。叶龄越长,越不容易感染梨锈病。

梨锈病的发病轻重,还与附近桧柏的多少、距离的远近有关,尤其与距梨树栽培区1.5~3.5千米范围内的桧柏关系最大。在有桧柏存在的条件下,病害的流行还受气象因素的影响。病菌一般只能侵染幼嫩组织。4月中旬是冬孢子的发芽盛期,这常与梨树的盛花期一致。一般3月上中旬气温高,冬孢子的成熟也就早。此外,雨水的多少也直接影响梨锈病的发生情况。2~3月份的气温和3月下旬至4月下旬降雨,是影响当年梨锈病的重要因素。

(3)防治方法

①清除梨园周围的桧柏　将梨园周围5千米以内的桧柏等转生寄主彻底清除,是防治梨锈病最有效的方法。

②药剂防治　在发病初期,用10%的杀菌优水剂600~800倍液,在发病初期连续喷洒3~4次,可有效防治该病。结合其他病害的防治,从开花前用50%的安保生可湿性粉剂800倍液,喷洒2~3次,以后用70%的甲基托布津可湿性粉剂800~1000倍液,或50%的多菌灵可湿性粉剂600~800倍液,或1:2:200波尔多液,交替使用,可增强防治效果。

169. 梨轮纹病有什么危害
症状? 怎样防治?

(1)危害症状　梨轮纹病又名粗皮病、瘤皮病、梨轮纹褐腐病。发病时,在包括黄金梨树在内的梨树的枝干上,以皮孔为中心,形成暗褐色、水渍状小病斑,以后扩大成近圆形或扁圆形褐色疣状突起,直径为 0.3～3 厘米,病疣较坚硬,里面暗褐色。第二年,病疣周围一圈树皮变为暗褐色,浅层坏死,并逐渐下陷。常常 2～3 个病斑连成一片,表皮十分粗糙,果农称之为"粗皮病"。果实被侵染大多在果实成熟期和贮存期发生。从皮孔侵入,形成水浸状褐斑,并以同心轮纹状向四周扩散,在几天之内,果实很快腐烂。叶片受害后,产生近圆形病斑,同心轮纹明显,褐色,为 0.5～1.5 厘米大小。后期色泽较浅,并出现黑色小点,叶片病斑较多时,引起叶片干枯并早期落叶。

(2)发病规律 梨轮纹病的病菌,以菌丝体或分生孢子器及子囊壳,在病枝上越冬。在山东省胶东地区,一般于翌年 4 月下旬至 5 月上旬,在病组织菌丝体上产生孢子,成为初侵染源。6 月中旬至 8 月中旬,为散发盛期。分生孢子主要借助雨水传播,飞溅距离为 10～20 米。病菌在清水中也可以萌发,多从孔口侵入,经 24 小时完成侵入过程。在新梢上,一般从 8 月份开始,以皮孔为中心出现病斑,当年基本不产生分生孢子器,需在第三年开始大量散发分生孢子。枝干上的病斑,每年春秋季有两次扩展高峰,夏季基本处于停滞状态。病菌开始侵染幼果的时期,为落花后到 8 月中旬左右,可一直到采收结束。其中以 6 月份至 7 月中旬侵染最多。其间每次降雨后,就有一些果实被侵染。被侵染的幼果开始并不发病,待果实近成熟或在贮存期间才开始发病。

(3)防治方法

①**加强栽培管理** 由于梨轮纹病菌是一种弱寄生菌,在树势较旺的条件下一般不易发病。因此,应重点加强土肥水

的管理,尤其应增加有机肥的施用量,并使树体合理负载,以增强树体自身的抗病能力。

②春季刮树皮 春季将粗皮病疣彻底刮除,并涂抹杀菌剂。采用的药剂有4~5波美度的石硫合剂,或5%的菌毒清水剂50~100倍液,可用以涂抹刮后的病患处。

③阻断侵染源 新建梨园时,应选用不带梨轮纹病的苗木来进行定植。幼树修剪时,应尽量不用梨树病枝作支棍。

④生长期药剂防治 一般选用的药物有50%的多菌灵可湿性粉剂600~800倍液,或70%的甲基托布津可湿性粉剂800~1 000倍液,50%退菌特可湿性粉剂600~800倍液,1∶2∶200倍量式波尔多液。一般在生产上,用有机杀菌剂与波尔多液交替使用。

170. 梨褐斑病有什么危害 症状? 怎样防治?

(1)危害症状 梨褐斑病又称斑枯病、白星病。仅仅危害包括黄金梨在内的梨树的叶片,在叶片上产生圆形或近圆形的褐色病斑,以后逐渐扩大。发病严重时,一枚叶片上的病斑可达数十个,以后相互连成大的褐色不规则病斑。病斑初期为褐色,后期中部呈灰白色。病斑上密生黑色小点,周边褐色,外层黑色,病叶易脱落。

(2)发病规律 梨褐斑病的病菌,以分生孢子器或子囊果,在落叶的病斑上越冬,翌年春季,通过风雨散播分生孢子或子囊孢子。孢子沾附在新叶上,当5~7月份到来时,遇到多雨潮湿天气,就会发病。发病时,孢子发芽侵入叶片,引起初侵染。在梨树生长的过程中,病斑上能形成分生孢子器。其中成熟的分生孢子可通过风雨传播,形成再次侵染。因此,在梨树的整个生育期内,该病可以形成多次发病。

(3)防治方法

①清除梨园内的病源 冬季将枯枝、落叶集中烧毁或深埋于土内,这是防治梨褐斑病极为重要的技术措施。

②加强管理 雨季到来时,要及时将雨水排出,并加强肥水管理。重点要增施有机肥,提高土壤的有机质含量,力争使之达到1.5%以上。

③药剂防治 在发芽前,喷洒4~5波美度的石硫合剂作铲除剂。发病初期,用10%的多抗霉素可湿性粉剂1 000~2 000倍液,或3.0%的多抗霉素水剂600倍液,进行喷布防治。也可以结合梨锈病的防治,用10%的杀菌优水剂600~800倍液,或50%的甲基托布津可湿性粉剂700~800倍液,进行交替喷用,以达到较好的防治效果。

171. 梨干腐病有什么危害
症状? 怎样防治?

(1)危害症状 梨树干腐病是包括黄金梨树在内的北方梨树的主要病害之一。主要危害苗木、幼树和果实。枝条发病时,树皮出现黑褐色长条形的病斑,略凹陷,质地较硬,略湿润。一般烂到木质部。当病斑发展到韧皮部的1/2以上时,造成树上部分叶片失水,枝条大多干枯。后期病部干枯,周围干裂,表面密生小黑点。有时也侵染果实,症状如同轮纹病的发病症状。

(2)发病规律 梨树干腐病病菌,以菌丝体、子囊壳和分生孢子器在病部越冬。子囊孢子和分生孢子借风雨传播。病斑从春季至秋季都能缓慢扩展,以春、秋季扩展较快。在施氮肥较多、枝条徒长的树体上,发病较重;土壤黏重、排水不良和春秋季干旱，均有利于该病的发生。

(3)防治方法

①**加强栽培管理**　尤其要注意有机肥的使用，增强树势，提高树体的抗病能力。

②**清洁梨园**　要加强黄金梨园的清洁工作，及时将病枝、病果予以清除，并集中烧毁或深埋。

③**药剂防治**　在生长期间，可喷洒 1∶2∶200 倍量式的波尔多液，或 75% 的百菌清可湿性粉剂 700~800 倍液，36% 甲基硫菌灵可湿性粉剂 600~800 倍液，50% 苯菌灵可湿性粉剂 1 400 倍液，进行防治。

172. 梨白粉病有什么危害
症状？怎样防治？

(1)危害症状　梨白粉病除危害包括黄金梨在内的梨树外，还危害板栗、柿、核桃、桑和番木瓜等。一般危害梨树老叶。7~8 月间，在叶片的背面产生圆形或不规则形的霉斑，以后逐渐扩大，直至整个叶背布满白色粉状物。9~10 月间，当气温逐渐下降时，在白色粉状物上长出很多黄褐色小点，后期变为黑色(闭囊壳)。发病严重时，造成早期落叶，新梢也可以受到危害。

(2)发病规律　梨白粉病病菌，以闭囊壳在落叶上或沾附在枝梢上越冬，其附着数量与枝梢长度成正比。孢子通过风雨传播。此病大多发生在秋季。白粉菌专化型较严格，不同梨的品种之间表现出明显的差异。初侵染和再侵染以分生孢子为主，它以吸器伸入寄主内部吸取营养。梨白粉菌是一种外寄生菌。春季温暖干旱，夏季有雨水而且凉爽，秋季天气晴朗的年份，容易流行发病，梨树株间过密，土壤黏重，有机肥料不足,尤其是钾肥含量不足,或者管理粗放,均有利于该病的发生。

(3)防治方法

①**加强栽培管理** 要加强黄金梨的栽培管理,尤其是要重视有机肥料和氮、磷、钾肥料的合理施用,要进行配方施肥,避免偏施氮肥,加大磷、钾肥的施用量,要合理密植,改善通风透光条件,提高树体的抗病力。

②**清除病源** 无论是冬季修剪还是夏季修剪,都要及时清除病枝、病芽和病梢,并集中烧毁。

③**药剂防治** 一般于梨树开花前和开花后喷洒药物防治。可以选用以下药剂:20%的三唑酮乳油1 500～2 000倍液,70%的甲基托布津可湿性粉剂800倍液,70%的甲基硫菌灵可湿性粉剂800～900倍液,40%的多·硫悬浮剂800倍液,50%的苯菌灵可湿性粉剂1 500～1 600倍液,0.3～0.5波美度的石硫合剂或45%的晶体石硫合剂300倍液,50%的硫悬浮剂300倍液等。

173. 梨木虱的危害特点、发生规律及形态特征如何? 怎样进行防治?

(1)危害特点 梨木虱属同翅目,木虱科。分布广泛,食性专一,主要危害梨树。在春季多集中于新梢、叶柄上为害;夏季和秋季多集中于叶背为害,有时还在套袋果上为害。成虫和若虫吸食芽、叶、嫩梢的汁液。叶片受害后发生褐色枯斑,严重时全叶变为褐色,引起早期落叶。若虫在叶片上分泌大量的黏液,诱发"煤烟病"。该虫的若虫常将两枚相邻的叶片粘合在一起,栖居其间为害。蚜虫发生时,大部分梨木虱若虫钻在蚜虫为害造成的卷叶内,喷药难以接触虫体,造成防治上的困难。近几年,在山东省胶东地区黄金梨园发现,梨木虱自 5 月下旬即开始进袋为害,发生较为严重,在生产中应注意加以控制。

(2)形态特征

①成　　虫　　冬型雄成虫长 2.8～3.2 毫米,雌成虫长 3.0～3.1 毫米。体色褐色,有黑色斑纹,头顶及足色淡,前翅后缘臀区有明显的褐斑。夏型雄成虫长 2.3～2.6 毫米,雌成虫长 2.8～2.9 毫米,体色由绿色至黄色,变化很大,分绿色型和黄色型两种。

②卵　　一端稍尖,具有细柄。冬型成虫所产的卵为黄色,夏型成虫所产的卵为乳白色。

③若　　虫　　扁椭圆形,第一代为淡黄色,夏季各代为乳白色,稍大后变为绿色。晚秋末代为褐色(图 7)。

(3)发生规律　　梨木虱在山东省胶东地区一年发生 4～6 代,以成虫潜藏在老翘皮、落叶和杂草中越冬。翌年 3 月份出蛰活动,日暖时交尾,并在芽腋、小枝鳞痕和鳞片缝隙等处产卵。梨树谢花后,卵孵化,小若虫即在未展开的嫩叶上为害。5 月中旬,若虫

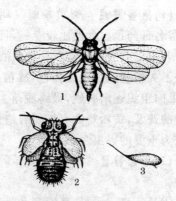

图 7　梨木虱
1. 成虫　2. 若虫　3. 卵

羽化为第一代成虫,并在主脉两侧产卵。以后世代重叠发生。9～10 月份若虫羽化为成虫越冬。

(4)防治方法

①**消灭越冬成虫** 在冬季修剪时,将带有越冬成虫的病枝、落叶、杂草和树干上的老翘皮,集中烧毁。

②**人工捕杀** 3月份越冬成虫出蛰期,在清晨气温较低时,于树冠下铺设床单,振落越冬成虫,收集一起集中捕杀。

③**药剂防治** 在春季黄金梨谢花后,梨木虱第一代若虫孵化盛期,以及盛花后30天第一代成虫羽化盛期,用以下药剂进行喷施防治:2.5%的敌杀死乳油3 000~4 000倍液,或20%的螨克乳油500~1 000倍液,10%的吡虫啉可湿性粉剂2 000~3 000倍液,1.0%的阿维菌素乳油3 000~4 000倍液。

174. 黄粉蚜的危害特点、发生规律及 形态特征如何? 怎样进行防治?

(1)危害特点 梨黄粉蚜又叫梨黄粉虫。属同翅目,蚜科,俗名膏药顶。食性比较专一,目前只知道它危害梨树。成虫和若虫以刺吸式口器吸食梨果液汁,一般在果萼处为害,被害处不久就变成褐色或黑色,故俗名膏药顶。受害严重的果实,果肉组织逐渐腐烂,最终脱落。近几年来,随着梨果套袋技术的普及,黄粉蚜大有扩展的趋势,是黄金梨套袋栽培中发生较为重要的害虫之一。

(2)形态特征 梨黄粉蚜有干母、普通型、性母和有性型四种。

①**成 虫** 干母、普通型和性母均为雌性,行孤雌卵生,形态相似,略成倒卵圆形,体长约0.8毫米,全体鲜黄色,有光泽。腹部无腹管,无翅,无尾片,喙发达。有性型,虫体长椭圆形,体形略小,雌虫长0.47毫米,雄虫长0.35毫米,体色鲜黄,口器退化。

②卵　越冬卵为淡黄色。

③若　虫　淡黄色,形态似成虫,但虫体较小(图8)。

(3)发生规律 梨黄粉蚜一年发生8～10代,以卵在梨树皮缝内等处越冬。翌年春季梨树开花时,卵孵化出的若虫在翘皮下嫩皮处吸食液汁。在山东省胶东地区,该虫一般6月上旬开始进袋上果为害,6月下旬至7月上旬多集中在梨果的萼洼处为害。成虫继续繁殖若干代。此时在果面上有一堆堆的

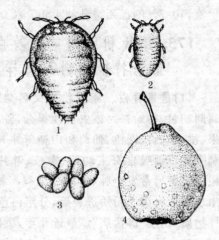

图8　梨黄粉蚜
1. 成虫　2. 若虫　3. 卵　4. 被害果

黄粉,此为成虫产下的卵堆和初孵化的小幼虫。若把虫堆擦去,果皮上留有黄色稍凹陷的小斑,此乃被害的斑痕。到8月中旬果实接近成熟时,其危害更为严重。成虫活动能力较差,大多在阴凉处吸食。套袋的果实受害更为严重。

(4)防治方法

①**人工防治**　在虫卵越冬期间,采取"三光"、"两剪"和"一刷"的措施。三光:即把落叶及时扫光,树干上的粗皮刮光,贮存果实处的杂草烧光。两剪:即剪除秋梢,剪除干枯枝。一刷:即冬季将树干刷白。这些措施都有利于消灭越冬的虫卵。

②**药剂防治**　分别在6月下旬、7月初、8月上旬和9月上旬,加强对黄粉虫的喷药防治。可供选择的有效药物有:

20%的杀灭菊酯乳油 3 000～4 000 倍液,10%的吡虫啉可湿性粉剂 2 000～3 000 倍液,2.5%的敌杀死乳油 3 000～4 000 倍液,40.7%的毒死蜱乳油 1 500～2 000 倍液。

175. 康氏粉蚧的危害特点、发生规律及形态特征如何? 怎样进行防治?

(1)危害特点　康氏粉蚧又名梨粉蚧、李粉蚧、桑粉蚧。属同翅目,粉蚧科。该虫食性很杂,除危害梨树外,还危害苹果、桃、李、杏、樱桃、葡萄和山楂等果树。其成虫与若虫均以刺吸式口器吸食寄主幼芽、嫩枝、叶片、果实和根部的汁液。嫩梢被害后常发生肿胀,树皮纵裂而枯死。前期果实被害后出现畸形。康氏粉蚧进袋后,分泌白色蜡粉,排泄出大量的黏性物质,诱发"煤污病"。最近几年,康氏粉蚧进入果袋为害的现象较为严重,在黄金梨生产中应特别注意。

(2)形态特征

①成　虫　雌成虫体长 3～5 毫米,扁平,椭圆形,粉红色,表面被有白色蜡质物,体缘具有 17 对白色蜡丝,蜡丝基部较粗,外端略细。在虫体前端的蜡丝较细短,虫体后端的蜡丝稍长,而最末 1 对蜡丝特长,几乎与体长相等。触角 8 节,末节最长,第三节次之,柄节上有几个透明小孔。胸足发达,后足的基节上也有较多的透明小圆孔。雄成虫体色为紫褐色,体长约 1 毫米,翅展约 2 毫米。翅透明,仅 1 对。后翅退化为平衡棒。具有尾毛。

②卵　椭圆形,长约 0.3 毫米。浅橙黄色。数十粒集中成块,外覆薄层白色蜡粉,形成白絮状卵囊。

③若　虫　初孵化时,体扁平,椭圆形,淡黄色。体长约 0.4 毫米,外形似雌成虫。

④**蛹** 仅雄虫有蛹期。蛹体长约 1.2 毫米,浅紫色。触角、翅和足等均外露。

(3)发生规律 在山东省胶东地区,该虫一年发生 3 代,主要以卵在梨树枝干上的老树皮缝、伤口和剪锯口等处越冬。翌年 5 月上旬,第一代若虫孵化,在树皮缝的幼嫩组织处寄生。6 月中旬至 7 月上旬,先后成长为成虫,并交配产卵。第二代若虫在 7 月上中旬孵化,8 月上中旬先后变为成虫产卵。第三代若虫在 8 月中旬孵化,9 月下旬变为成虫产卵越冬。早期产生的卵可孵化为若虫越冬。康氏粉蚧的雌成虫成熟后,分泌白色绵状卵囊,并在其中产卵。若虫孵化后爬出卵囊,活动性很强。第一代若虫多在树皮缝内的幼嫩组织处寄生。第二、第三代若虫多往枝叶和果实上迁移,主要停留在果实的萼洼、嫩梢和叶腋处为害。康氏粉蚧属于活动性很强的害虫,除产卵期成虫外,其若虫、雌成虫均可变换为害场所。

(4)防治方法

①**休眠期防治** 早期喷布 3～5 波美度的石硫合剂,加入 0.3% 的洗衣粉,以增强其展着、湿润力,提高杀虫效果。也可以喷布 3%～10% 的柴油乳剂,防治越冬的若虫和成虫。

②**生长期防治** 在梨树生长期的 7～8 月份,定期开袋检查康氏粉蚧的危害情况,特别是 7 月中旬和 8 月中旬要喷药防治。可供选择喷施的有效药物有:20% 的杀灭菊酯乳油 3 000 倍液,50% 的敌敌畏乳油 800～1 000 倍液,25% 的速灭威可湿性粉剂 300～500 倍液。

176. 金缘吉丁虫的危害特点、发生规律 及形态特征如何? 怎样进行防治?

(1)危害特点 梨金缘吉丁虫,又名金绿吉丁、褐绿吉丁、梨吉丁虫。属鞘翅目,吉丁甲科。主要以幼虫蛀食树皮和木质部。被害部位组织颜色变深,外观变黑。蛀食的隧道内充满褐色的虫粪和木屑,破坏输导组织,造成树势衰弱,严重时树体死亡。近几年梨金缘吉丁虫有蔓延的趋势,尤其在黄金梨上危害特别严重。

(2)形态特征

①成　虫　体长 13～17 毫米,宽 6 毫米左右,体色翠绿,具有金属光泽。身体扁平,密布刻点。头部中央具有“Y”字形隆起。触角黑色,成锯齿状,11 节。复眼深褐色,为肾形。

②卵　椭圆形,长约 2 毫米,宽约 1.4 毫米。初期为乳白色,后期为黄褐色。

③老幼虫　体长 30～60 毫米,扁平。前期为乳白色,后期为黄白色,无足。头小,暗褐色,前胸膨大,背板中部有一个“人”字形凹纹。腹部 10 节,细长,分节明显。

④蛹　前期为乳白色,后期为紫绿色,有光泽(图 9)。

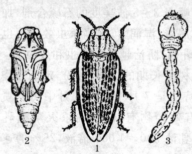

图 9　梨金缘吉丁虫

1. 成虫　2. 蛹　3. 幼虫

(3)发生规律　在南方梨区一年发生 1 代,北方梨区两年发生 1 代。在北方梨区,幼虫当年不化蛹。春季树液流动时,越冬小幼虫继续蛀食为害,老熟幼虫化蛹。蛹期 15～30 天。4 月下旬,开始有羽化的成虫出现。

其大量发生期一般在 5 月上旬至 7 月上旬,盛期在 5 月下旬。一头雌成虫可以产卵 20～100 粒,卵期 10～15 天。6 月上旬是幼虫孵化盛期。初孵化的幼虫先在绿皮层蛀食,随着幼虫的长大,转到形成层蛀食,秋后老熟幼虫在木质部越冬。翌年梨芽萌动时,老熟幼虫又开始蛀食为害。

(4)防治方法

①加强管理,减少不必要的伤口,并及时检查主干、主枝基部的树皮颜色,发现颜色变深,要及时将树皮刮开,检查若有幼虫为害,即行消灭。

②在春季将老翘皮和老粗皮及时刮除,并及时将越冬老熟幼虫,从木质部处挖除,一并集中烧毁。

③在成虫羽化前,用药物密封树干虫洞;也可以用40.7%的乐斯本乳油1 500～2 000倍液,或20%的保打乳油2 000～3 000倍液,对全树进行喷布。

177. 二斑叶螨的危害特点、发生规律及形态特征如何?怎样进行防治?

(1)危害特点 二斑叶螨又名白蜘蛛、棉红蜘蛛、普通叶螨等。属蜱螨目,叶螨科。其寄主有苹果、梨、桃、杏、李、草莓、棉花和大豆等几百种植物。二斑叶螨的成螨、若螨和幼螨,常在寄主的叶片背面拉丝结网,并用口器刺吸芽、叶片和果实的汁液。叶片受害后,初期呈现出很多的失绿小斑点,后逐渐扩大连片。受害严重时,整个叶片呈现出白色、焦枯状,并提早落叶。树体发育受到严重影响,果实当年不能成熟,并影响花芽分化和第二年的产量。

(2)形态特征

①成　螨　体色多变,有浓绿色、褐绿色、黑褐色或橙红色等,一般带红色或锈红色。体背两侧各有1块暗红色的长斑,有时斑中部分色淡,分成前后两块。体背有刚毛26根,横

列成 6 排，有足 4 对。雌成螨体长 0.42～0.59 毫米，椭圆形，多为深红色，也有黄棕色者。越冬的成螨为橙黄色，较夏型肥大。雄螨体长 0.26 毫米，近卵圆形，前端圆形，腹末较尖，多呈鲜红色。

②卵　球形，约 0.13 毫米大小，光滑。初无色，透明，后逐渐变为橙红色，即将孵化时出现红色眼点。

③幼螨　幼螨初孵化时，为近圆形，体长 0.15 毫米，无色，透明，取食后变为绿色。眼红色。有足 3 对。

④若螨　前期体长为 0.21 毫米，近卵圆形。有足 4 对，体色深，背上出现色斑。后期若螨体长 0.36 毫米，黄褐色，与成螨相似。雄性前期若螨蜕皮后，即变为雄成螨。

(3)发生规律　该虫在南方梨区一年发生 20 代以上，北方梨区一年发生 12～15 代。在北方梨区，以雌成螨在土缝、枯枝落叶下，或者宿根性杂草的根际，以及树皮缝隙等处，吐丝结网，潜伏越冬。翌年日均气温达到 5℃～6℃时，越冬雌成螨开始活动。日均气温达到 6℃～7℃时，开始产卵繁殖，卵期 10 天左右。从越冬成螨开始产卵至第一代幼螨孵化盛期，历时需 20～30 天。以后世代重叠。随着气温的升高，繁殖速度也相应加快，完成 1 代，在 23℃时，需要 13 天；26℃时，需要 8～9 天；30℃以上时，只需要 6～7 天。越冬雌成螨出蛰后，大多在宿根性杂草上为害繁殖。梨树发芽后，便转移到梨树上为害。6 月中旬至 7 月中旬是其为害猖獗期。进入雨季后，虫口密度迅速下降，为害基本结束。如果后期干旱，可以再猖獗为害。直到 9 月份气温下降，该虫开始陆续向杂草上转移，10 月份陆续开始越冬。

该虫可以进行两性生殖或孤雌生殖。未交尾的雌成螨所产的卵孵化后均为雄螨。每头雌螨可产卵 50～110 粒。喜欢群居叶片背面主脉附近,吐丝结网并在网下为害。大发生或食料不足时,常千余头群集叶端成一团,有吐丝下垂、借风力传播的习性。在高温或低温时,均适宜其发生。

其天敌有食螨瓢虫、小花蝽、食虫盲蝽、草蛉、蓟马、隐翅甲和捕食螨等数十种。

(4)防治方法

①加强栽培管理 结合冬季修剪,将梨树上的老翘皮及时刮除,并集中烧毁。增加有机肥的施用量,并认真搞好疏花疏果。夏季修剪要认真清除内膛徒长枝、直立枝和较大的辅养枝,改善通风透光的条件。

②药剂防治 在越冬雌成螨出蛰期和第一代幼螨孵化期,喷洒以下药剂:1.0%的阿维菌素乳油3 000～4 000倍液,或20%的三唑锡悬浮剂1 000～2 000倍液,20%的螨死净悬浮剂2 000～3 000倍液,50%的阿波罗悬浮剂6 000倍液,73%的克螨特乳油2 000倍液,25%的蚧螨触杀尽乳油1 500～2 000倍液等,防治效果较好。

178. 施用农药防治病虫害以后,黄金梨 哪些部位容易产生药害? 怎样预防?

药害发生的原因主要与农药的质量、使用技术、品种对药物的敏感程度和气候条件等因素有关。农药质量不合格,原药生产中有害杂质超过标准,农药贮藏超过保质期,农药中的有效成分分解为有害成分,浓度过大,农药混合使用不当,环境条件不适宜等,都是造成黄金梨产生药害的主要原因。

(1)芽部发生药害的原因及预防 为了防治枝干上越冬的介壳虫、蚜虫卵和螨卵等害虫,在萌芽前用4～5波美度的石硫合剂喷布,杀虫效果好,污染轻。为防止产生药害,一定要掌握在萌芽前使用,并注意其使用的浓度。

(2)**叶部发生药害的原因及预防** 有的产区种植黄金梨,在夏季使用波尔多液较多,但夏季喷药后药液未干遇雨或喷药后连续阴天,由于雨水冲刷叶面而易发生药害。日前,一般不提倡喷波尔多液,可改喷其他杀菌剂防治病害。

(3)**果实发生药害的原因及预防** 黄金梨在套小袋前,如果喷布的农药是乳油类的,则容易在幼果表面产生药锈。在生产中,应尽量喷布水剂或可湿性粉剂类的农药,可湿性粉剂类的农药颗粒细度最好要求在 700 目以上,以 800 目左右为最好。

(4)**枝干发生药害的原因及预防** 枝干药害的发生大多是因为施用化学肥料过量,或由于施用除草剂引起的。在生产中,应多施有机肥,减少化学肥料的使用量。在使用除草剂时,要尽量绕开树干。

179. 在黄金梨生产中, 禁止使用的农药有哪些?

按照国家农业部的行业标准 NY 5102—2002"无公害食品 梨生产技术规程"的规定,在黄金梨生产中禁止使用剧毒、高毒、高残留农药及致畸、致癌、致突变农药。这些农药包括滴滴涕、六六六、杀虫脒、甲胺磷、对硫磷、甲基对硫磷、久效磷、磷胺、甲拌磷、氧化乐果、水胺硫磷、特丁硫磷、甲基硫环磷、治螟磷、甲基异柳磷、内吸磷、克百威、涕灭威、汞制剂和砷类等。国家规定禁止使用的其他农药,亦从其规定。

180. 在黄金梨病虫害防治中,推荐使用 的化学农药及其使用准则有哪些?

按照国家农业部行业标准 NY 5102—2002"无公害食品

梨生产技术规程"的规定,在黄金梨生产中进行病虫害防治时,要严格按照规定的浓度、每年使用次数和安全间隔期的要求施用农药,施药要均匀周到。该生产技术规程推荐使用的化学药剂及使用准则如下:

(1)杀虫、杀螨剂及其使用准则 梨生产技术规程推荐使用的杀虫、杀螨剂及其使用准则如表 17 所示。

表 17　推荐使用的杀虫、杀螨剂及其使用准则

农药名称	每年最多使用次数	安全间隔期(天)
吡虫啉	—	—
毒死蜱	—	—
氯氟氰菊酯	2	21
氯氰菊酯	3	21
甲氰菊酯	3	30
氰戊菊酯	3	14
辛硫磷	4	7
双甲脒	3	20

注:所有农药的使用方法及浓度均按国家规定执行

(2)杀菌剂及其使用准则 梨生产技术规程推荐使用的杀菌剂及其使用准则如表 18 所示。

表 18　推荐使用的杀菌剂及其使用准则

农药名称	每年最多使用次数	安全间隔期(天)
烯唑醇	3	21
氯苯嘧啶醇	3	14
氯硅唑	2	21
亚胺唑	3	28
代森锰锌·乙膦铝	3	10
代森锌	—	—

注:所有农药的使用方法及浓度均按国家规定执行

主要参考文献

1　河北农业大学等．果树栽培学各论(教材)．北京:中国农业出版社,2002

2　北京农业大学等．果树昆虫学(教材．下册)．北京:农业出版社,1994

3　浙江农业大学等．果树病理学(教材)．北京:农业出版社,1995

4　刘振岩等．山东果树．上海:上海科学技术出版社,2000

5　郗荣庭等．果树栽培学总论(教材)．北京:中国农业出版社,2003

6　河北省农林科学院昌黎果树研究所．北方果树修剪技术．北京:农业出版社,1988

7　于绍夫等．黄金梨栽培技术．济南:山东科学技术出版社,2003

8　于新刚．梨新品种实用栽培技术．北京:中国农业出版社,2005

（本书版式策划：吴绍学）

**金盾版图书,科学实用,
通俗易懂,物美价廉,欢迎选购**

导	13.00元	名优茶加工机械	8.00元
软籽石榴优质高产栽培	10.00元	茶树栽培基础知识与技	
番石榴高产栽培	6.00元	术问答	4.50元
石榴病虫害及防治原色		茶树植保员培训教材	9.00元
图册	12.00元	果园除草技术	4.80元
桑园园艺工培训教材	9.00元	林果生产实用技术荟萃	11.00元
桑树良种苗木繁育技术	3.00元	林木育苗技术	20.00元
桑树高产栽培技术	6.00元	果树植保员培训教材(北	
桑树病虫害防治技术	5.20元	方本)	9.00元
茶树高产优质栽培新技		果树植保员培训教材(南	
术	8.00元	方本)	11.00元
茶园园艺工培训教材	9.00元	果树育苗工培训教材	10.00元
茶园土壤管理与施肥	6.50元	果树林木嫁接技术手册	27.00元
茶树良种	7.00元	果树盆栽实用技术	17.00元
无公害茶的栽培与加工	9.00元	城郊农村如何发展苗圃业	8.00元
茶树病虫害防治	12.00元	植物无性繁殖实用技术	20.00元
无公害茶园农药安全使		杨树丰产栽培与病虫害	
用技术	9.00元	防治	11.50元
有机茶生产与管理技术		杨树丰产栽培	16.00元
问答(修订版)	11.00元	廊坊杨栽培与利用	8.00元
茶桑施肥技术	4.00元	长江中下游平原杨树集	
中国名优茶加工技术	7.00元	约栽培	14.00元
茶厂制茶工培训教材	10.00元	啤酒花丰产栽培技术	9.00元
茶艺师培训教材	37.00元	杉木速生丰产优质造林	
茶艺技师培训教材	26.00元	技术	4.80元

以上图书由全国各地新华书店经销。凡向本社邮购图书或音像制品,可通过邮局汇款,在汇单"附言"栏填写所购书目,邮购图书均可享受9折优惠。购书30元(按打折后实款计算)以上的免收邮挂费,购书不足30元的按邮局资费标准收取3元挂号费,邮寄费由我社承担。邮购地址:北京市丰台区晓月中路29号,邮政编码:100072,联系人:金友,电话:(010)83210681、83210682、83219215、83219217(传真)。